当代可持续意识构建研究

相雅芳 著

上海大学出版社
·上海·

图书在版编目(CIP)数据

当代可持续意识构建研究 / 相雅芳著. —上海: 上海大学出版社,2019.4
ISBN 978-7-5671-3520-8

Ⅰ.①当… Ⅱ.①相… Ⅲ.①意识-研究 Ⅳ.①B842.7

中国版本图书馆 CIP 数据核字(2019)第 067307 号

责任编辑　徐雁华
封面设计　缪炎栩
技术编辑　金　鑫　钱宇坤

当代可持续意识构建研究
相雅芳　著
上海大学出版社出版发行
(上海市上大路 99 号　邮政编码 200444)
(http://www.shupress.cn　发行热线 021-66135112)
出版人　戴骏豪

*

南京展望文化发展有限公司排版
江苏凤凰数码印务有限公司印刷　各地新华书店经销
开本 710mm×1020mm　1/16　印张 13.5　字数 163 千
2019 年 4 月第 1 版　2019 年 4 月第 1 次印刷
ISBN 978-7-5671-3520-8/B·114　定价　45.00 元

当代可持续意识构建研究

目录
contents

导论 / 001

第一章　可持续意识的本体解读 / 020
一、可持续意识相关概念辨析 / 021
　　（一）可持续意识概念的界定 / 022
　　（二）可持续意识与公民意识 / 024
　　（三）可持续意识与生态意识 / 027
　　（四）可持续意识与环境意识 / 029

二、当代可持续意识内涵的诠释 / 031
　　（一）可持续观念意识 / 031
　　（二）可持续伦理意识 / 035
　　（三）可持续责任意识 / 040
　　（四）可持续消费意识 / 042

三、当代可持续意识构建的时代诉求 / 047
　　（一）全球性环境问题的理性反思 / 047
　　（二）促进当代生态政治运动的发展 / 049
　　（三）马克思、恩格斯可持续思想在当代的彰显 / 051
　　（四）思想政治教育引导的现实要求 / 053

contents

第二章 马克思主义的可持续理论 / 056

一、马克思的可持续理论 / 057

  (一) 自然界是人类生存的基础 / 058

  (二) 人、社会与自然的和谐统一 / 062

二、列宁的可持续思想 / 065

  (一) 尊重自然 / 065

  (二) 资源的循环利用 / 066

  (三) 资本主义生产方式对自然的破坏 / 066

三、中国特色的可持续理论 / 068

  (一) 协调人、自然与经济发展 / 068

  (二) 环境保护要走法制化道路 / 072

  (三) 实施可持续发展战略 / 074

  (四) 科学发展观 / 075

  (五) 建设生态文明,实现美丽中国 / 076

第三章 当代可持续意识的相关问题及原因分析 / 083

一、当代可持续意识面临的问题 / 084

  (一) 理性价值评判的缺失 / 088

  (二) 可持续意识信仰的滑坡 / 093

  (三) 可持续道德意识的缺位 / 096

  (四) 异化消费导致生态危机 / 097

二、当代可持续意识问题的原因探析 / 099

目录

　　（一）主体性哲学下自然祛魅 / 100
　　（二）工具理性下科技的发展 / 104
　　（三）资本逻辑下的利润追逐 / 109
　　（四）文化缺失下的异化消费 / 112

第四章　可持续思想探析与文化嬗变 / 114
一、西方的可持续思想探源及嬗变 / 115
　　（一）古希腊的可持续思想及其发展 / 115
　　（二）基督教的可持续思想 / 119
　　（三）近代西方可持续思想的发展 / 124
二、中国传统可持续思想探源及价值 / 130
　　（一）儒家"天人合一"的可持续思想 / 130
　　（二）道家"道生自然"的可持续思想 / 133
　　（三）佛家"依正不二"的可持续思想 / 136
三、中西方可持续思想的比较与现实启示 / 138
　　（一）中西方可持续思想异同比较 / 138
　　（二）中西方可持续思想的现代启示 / 143

第五章　当代可持续意识构建原则 / 148
一、当代可持续意识构建的理论原则 / 149
　　（一）马克思、恩格斯的可持续理论 / 149
　　（二）中国特色的可持续思想 / 154

（三）思想政治教育理论 / 156
二、当代可持续意识构建的基础 / 158
　　（一）重构"自我"与"他者"的道德关系 / 158
　　（二）设立客体目标的合理性规范法则 / 159
　　（三）化解人与自然主客体的道德分歧 / 163
　　（四）确立主体改造自然的道德合理性 / 164
三、当代可持续意识构建的内容 / 168
　　（一）主动性和规律性的内在结合 / 168
　　（二）构建人与自然和谐正义的秩序 / 169
　　（三）培育可持续意识的法治精神 / 170
　　（四）塑造可持续消费的文化氛围 / 171

第六章　当代可持续意识构建路径 / 173
一、全球视野下可持续意识构建对策 / 174
　　（一）重构自然与文明的和谐统一 / 174
　　（二）确立理性的价值评判标准 / 175
　　（三）重视可持续伦理意识 / 177
　　（四）科技主体履行可持续行为规范 / 177
二、中国可持续意识的构建路径 / 180
　　（一）中国可持续意识构建存在的问题 / 180
　　（二）制度伦理设计融入绿色理念 / 181
　　（三）引导媒体的可持续意识塑造 / 185

目录

（四）拓宽公民可持续意识参与路径／186

（五）家庭、学校和社会教育的三位一体／187

（六）以生态立法培育可持续发展制度／191

（七）在日常生活中践行可持续意识／191

结语／194

参考文献／197

后记／203

当代可持续意识构建研究

序言
preface

苏格拉底说,我们是在研究我们应该如何生活。现代性下,人和自然的关系尖锐对立,人和人之间的异化关系使人类生存面临困境,可持续何从谈起?正所谓"皮之不存,毛将焉附?"让我们重新思考这个古老的哲学命题——"我们应当如何生活"。人类生存和发展的前提是社会的可持续性,探究人类生存困境,实现人、社会与自然的和谐统一成为迫切的任务。以往对可持续的研究主要是从经济学、社会学的维度出发的,或者说仅仅是从微观层面研究可持续的具体问题,而忽略从宏观层面研究可持续问题,对人的观念和价值研究存在空缺。然而,人对自然的观念、意识决定着具体的实践,决定着人类改造自然界的成功或失败,决定着人类社会的可持续性。尤其在近代主体性意识下,利用科学技术以征服的姿态改造自然,以机械的、原子的思维方式把自然当成物件来肢解,最终导致现代性视阈下人的生存危机——人、社会从自然中分离的不可持续性。如此现实的危机,不由得让我们反思:处在生态危机下的当代人类社会如何实现可持续发展?如何满足人类对美好生活的需求?因此,构建可持续意识成为一个重大的理论和现实问题,需要我们去研究。

从马克思主义的视角来看,马克思提出"社会是人同自然完成了本质的统一"来阐释人、社会与自然和谐共生。"自由人的联合体"的共产主义社会是实现人、社会与自然和谐共生的理想社会。中国特色社会主义理论包含"科学发展观""生态文明"和"绿色理念"等思想，是新时期中国生态文明建设的理论成果。以马克思主义的视角阐释可持续意识，从认识论的层面以整体生态的维度去认识人与自然的关系，以实际行动践行可持续意识，这都为我们研究当代社会可持续理论提供了宝贵的资源。

从现实的社会生活来看，现代性下资本逻辑和工具理性改变着人类与自然的关系，人类以机械的、原子的思维方式把自然当成物件来肢解和征服，打破了人、社会与自然的有机性，最终社会出现环境污染、资源短缺和生态破坏等不可持续问题。主要表现有四个方面：价值导向混乱下理性价值评判的缺失导致对自然价值的忽视；沉溺于物质享受下人们的可持续意识信仰的滑坡减弱了其持续发展的责任；资本和技术引诱下的个体可持续道德意识的缺位产生道德虚无主义；精神迷茫空虚下人们的非理性消费引起消费主义滥觞。就像美国当代伦理学家蒂洛认为的：我们如果尽力依据经验和理性来考察人类历史与人性，就会发现，一切人都有许多共同的需要、愿望、目标和目的[1]。我们要坚持以共同体的利益，反映出一种道德合法性，借由自然意志确立行为准则。可持续意识作为一种有效的自然生活规范，其规则并不是自然给出的，而是由生活在社会中的人们给出的。它是连接人与自然和谐生活的道德纽带。

从传统文化的传承来看，社会不可持续问题与中西方优秀的传统文化在当代不能很好地传承和发展有关。中国的可持续思想源远流长，儒家的"天人合一"思想、道家的"道生万物"思想和佛家的"众生平等"思想对于人与自然的思考无不渗透其中。西方古希腊哲学家柏

---

[1] [美]蒂洛.伦理学理论与实践[M].孟庆时，等译.北京：北京大学出版社，1985：30.

序　言

拉图、亚里士多德对人和自然之间的关系就有所关注。中世纪基督教的禁欲主义提倡节俭、适度和简朴的生活；近现代生物中心主义伦理学、生态中心主义环境伦理学等对人与自然辩证关系的阐释都蕴含着人、社会与自然共存互生的思想。这些宝贵的文化资源为当代可持续意识的塑造，提供了丰厚的精神财富。

从人类生存和发展的视角来看，构建可持续意识就要重构文明和自然的关系，以理性价值来评判、关爱自然界，承担道德责任，践行可持续行为。中国公民的可持续意识还有待加强，因此政府承担了大量的环境保护工作，但过度依赖政府行为会使环境保护成本过高，缺乏有效的监督，中国具体的国情和历史决定了借助家庭、学校和社会的教育，借助媒体宣传和环保组织的参与，可持续意识能内化在人的行为中，促进公民主动承担起对自然的道德责任和义务。

习近平新时代生态文明建设思想是马克思主义理论的时代彰显，反映了现代化治理的时代需求，彰显了崛起大国承担的国家责任。这意味着可持续发展思想是关系到国家发展的重要战略。让人们喝上干净的水，呼吸清洁的空气，吃上放心的食物，实现"天蓝地绿水净"的美好生活，我们每一个公民都应为此而努力。

相雅芳

2019 年 2 月

当代可持续意识构建研究

导 论

  当代可持续意识构建从人类社会发展的视角关注人、社会与自然的关系,在新文明的语境下重塑人类的价值观念,改变人类的行为习惯,实现人、社会与自然的和谐共生。

一、人与自然关系的认识

选题的选择,一般基于两种因素:一是理论的思考,二是现实问题的呼吁。以当代可持续意识构建为选题,正是理论思考和回应现实的结果。从理论的角度考量,国内外学术界在可持续发展思想研究方面已经有相对成熟的研究成果,但具体到社会哲学领域,尤其是可持续意识研究领域则相对比较薄弱,相关研究成果并不多见。马克思认为"问题是时代的声音"。在整个人类历史中,解决生存问题始终是人类活动的主题。人类文明的演进史就是人与自然关系的变迁史。在原始社会中,人类因为缺少对大自然的认识,对大自然有一种原始的蒙昧的畏惧态度,依靠大自然生存。在人与自然的关系上,没有人与自然、主体与客体的区分,人与自然的关系存在于原始的混沌状态中,人完全是自然的一部分,完全依赖于自然界生存,自然界是人类敬畏的和崇拜的神灵及主人。就如马克思所说:"自然界起初是作为一种完全异己的、有无限威力的和不可制服的力量与人对立,人们同它的关系完全像动物同它的关系一样,人们就像牲畜一样慑服于自然界。"[①]在农业文明时代,铁器的出现使人们

---

① 马克思恩格斯选集(第1卷)[M].北京:人民出版社,1995:81—82.

作用于自然的力量有了质的飞跃,人类逐步摆脱对自然界的束缚而获得相对独立性。随着科学技术的发展和工业革命的到来,人类利用科技的力量和资本的魔力从自然界获取无限的资源用于生产和消费。人类随心所欲地征服和掠夺自然界,认识和掌握自然界就是为了更好地利用自然界。特别是工业文明的发展建立在主客体哲学基础上,笛卡尔认为可以"借助实践哲学使自己成为自然的主人和统治者";培根提出"知识就是力量";洛克则宣布"对自然界的否定是通往幸福之路"。在这样的思维下,只要依赖主体的存在就有价值,自然界被看成满足主体需要的对象物,价值评判标准就是对人的有用性。哈曼指出:"我们唯一严重的危机主要是工业社会意义上的危机。我们在解决'如何'一类的问题方面相当成功。但与此同时,我们对'为什么'这种具有意义的问题,越来越变得糊涂起来,越来越多的人意识到谁也不明白什么是值得做的。我们的发展越来越快,但我们却迷失了方向。"[①]因此,当主体的需要成为价值评价的唯一尺度时,在这种信念的支配下,人们就会陷入盲目追求发展而忽视自然的误区。

从理论上看,自启蒙运动宣布上帝已死之后,人类就成为整个世界的主宰,自然界成为人类的生存工具和资源来源。主体性哲学观从根本上扭曲人与自然的关系,当代社会出现的环境危机同近代的主体性哲学有着必然的联系。主体性哲学夸大了人在自然面前的主体地位,夸大了人的能动性,把人变成绝对的主体,按照这种主体性哲学去处理人与自然的关系,引起了人与自然对立的问题。当人们把原本统一的自然界割裂时,自然界整体的性质就被破坏了。在主客二元对立思维方式的影响下,伴随工具理性的快速发展和科学技术的突飞猛进,主体的自我意识不断扩张,工具理性成为现代性的灵魂,其思考重心是行动何

---

① [美]哈曼.未来启示录[M].徐元,译.上海:上海译文出版社,1988:193.

以可能,怎样的方式有利于人类谋取利益,引导和激励人类无止境地征服自然和改造自然,创造丰裕的物质财富。这样的价值导向以人对世界的绝对主宰为前提,以世界的物化观为基础,以对世界进行无限度的利益追求为目标,以傲慢的物质霸权主义为行动纲领,以绝对经济技术理性为行动原则,人类社会建立了物质主义和唯科技主义的价值导向系统。在这一价值系统的导向下,人类踏上对自然的无休止的征伐之途,征服和改造自然的进程一路高奏凯歌。然而,自然与生命世界的生态链条却在一节节地断裂,最终引发自然与人对立的问题。

特别是近代以来,科学技术快速发展,"自然力的征服,机器的采用,化学在工业和农业的应用,轮船的行驶,铁路的通行,电报的使用,整个大陆的开垦,河川的通航,仿佛用法术从地下呼唤出来的大量人口——过去哪个世纪料想到在社会劳动里蕴藏这样的生产力呢?"①人们增强了人定胜天的信心,人在自然面前不再是充满迷茫与恐惧的幼儿,而成为"给我物质,我就用它造出一个宇宙来"②的豪迈少年。人类凭借理性之光,借助科学技术的力量,在自然面前无所畏惧,在掠夺自然的征途上肆意妄为。人从自然界获取能源和原材料,以征服者的姿态拼命开垦土地。这种单向思维,终于使自然在人化的过程中与人疏离和对立。可持续意识的构建就是研究人与自然如何和谐共生,尤其是工具理性和科技异化使人与自然的关系破裂,导致社会与自然的非有机性问题。因而,如何实现人、社会与自然的互存共生是值得关注的理论问题。可持续意识涉及当代人类的现实生存困境以及近代以来人类对于错误的自然观念的反思。特别是现代工业以来,工具理性和资本的结合给人类生存环境造成严重的危机,人

---

① 马克思恩格斯选集(第1卷)[M].北京:人民出版社,1995:277.
② [德]康德.宇宙发展史概论[M].上海外国自然科学哲学著作翻译组,译.上海:上海人民出版社,1972:15.

与自然和社会存在尖锐的矛盾,人类生存正面临着日益严重的困境。正是在这样的背景下可持续发展被人们所关注,人们开始正视全球性生态危机、人与自然的异化、人与人的异化以及人与自身的异化等引起的不可持续性问题。可持续意识是一种社会意识,是人类对生存和发展问题的觉醒,这种觉醒是要彻底改变人类过往的思维方式和价值理念,从整体的意义上看待人与自然的关系。人作为与自然平等的主体,应将破坏环境的行为转变为环保意识,在关注自身的同时也要自觉关爱大自然,意识到人类的不合理行为对自身和社会发展的危害,使自身行为与人类环境达到和谐共处的状态。

从现实生活上看,人类的生存矛盾错综复杂。加拿大资源生态学专家里斯提出了"生态足迹"的概念,指能够持续地提供资源或消纳废物的、具有生物生产力的地域空间。国际生态组织"环球足迹网络"指出,2014年人类只用了8个月就花光了整年的全球生态足迹预算。2014年8月19日是当年度的地球生态超载日,即当年从这一天起人类对地球自然资源的消耗超出地球的生态承载力。相比2000年的地球生态超载日10月1日,2014年的地球生态超载日大幅度提前了43天! 生态足迹这一指数旨在测算人类蚕食地球的速度。目前各国对自然资源的消耗大幅增加,已经超出了地球的承受范围。按照人口增长速度和人类消耗资源的速度看,甚至需要一个半地球才能满足人类对自然资源的需求。假如人类对自然资源的消耗一直维持这样的增速,那么到了2050年可能需要三个地球才能满足人类的需要。此外,人越来越成为"单向度"的消费机器。人讲究"正己""内秀"的传统文化正在逐渐丢失,越来越多的人把消费主义作为自己的生活准则,追求物质利益最大化。只有解决了人、自然与社会之间的问题,才能真正明确我们这个世界究竟如何发展。所以,我们应重点关注人的身体与精神的矛盾,尤其是拜金主义导致人的信念失落、精神生活荒芜。

人们相信物质可以改变生活质量，带来幸福和快乐。在这样的社会中，人们沉浮于世俗化的物质生活中，沉迷于灯红酒绿的物质享乐中，这将给人们带来更大的不幸。这样的不幸来自人性的贪婪，人们在欲望的折磨下有着层出不穷的苦恼、烦闷。钱穆指出："在个人层面上，无论是自觉的或不自觉的，人生都离不开一套'意义之网'的支持，这是人的'精神家园'。一旦'意义之网'破灭了，个人便当然落到存在主义所说的'无家可归'的境地。"[1]孤独的个体失去精神家园就被抛向了文化的荒漠，人的幸福和快乐从何谈起？从这个意义上看，地球生态超载日在提醒全人类应当及时采取措施应对资源浪费。地球上的森林覆盖面积在逐渐缩小，土地荒漠化日趋严重，水资源污染严重，可直接饮用的水越来越匮乏，土壤质量不断退化，耕地面积严重退化，生物多样性也在逐渐减退。面对这一严峻形势，世界自然基金会发表公告表示，假如现在采取行动，还来得及扭转这一情况。从现实来看，可持续问题的提出源于社会发展的客观需要，并与每个人的生活密切相关。尤其是工业发展导致的环境污染、资源短缺等问题使人类面临全球性的危机。

党的十八大提出：努力"建设'美丽中国'，实现中华民族的永续发展"。要实现人民期待的"天蓝地绿水净"的期待，保持"永续发展"，就要以可持续发展为目标。可持续意识是人类自身现实生活的客观要求，"人与自然应该是一种什么样的关系"的探讨始终弥漫在学术领域。从人与自然和人与社会的关系来反观人类的生存困境可知，社会不可持续性受到工具理性认知的影响，人类把自己置于自然、社会和地球之上，使其成为自然、社会和地球的主宰。我们要对工具理性进行反思，其目的是重建人与自然、人与社会之间的有机整体性，因此必须构建人、社会与自然协同共生的可持续意识。

---

[1] 钱穆.文化学大义[M].台北：中正书局,1980：50.

二、人与自然关系的探索

之于理论需要。叔本华认为使一切生物和其他事物运动的根本动力是生命意识。尼采提出上帝死了,要重估一切价值,人类文明日益堕落,只有权利意志才能拯救人类。叔本华和尼采提出的生命意志和权利意志虽然都具有唯心主义倾向,但都强调了意识的能动作用。随着技术的发展以及人的异化,以海德格尔、雅斯贝尔斯和萨特为代表的存在主义哲学家强调个体意识的生存哲学,认为个体的存在具有重要价值,人的非理性行为对传统的理性主义具有挑战意义。这种非理性的个体意识只能是解决现代人生存危机的一种尝试,并不能成为实现人类持续发展的哲学基础。海德格尔在《哲学的终结和思的任务》中通过技术批判的向度,论述了现代社会中人和自然的矛盾以及这种矛盾发展的危险趋势,号召人们拯救地球。他提出要认识自然的价值和地球对人类生存的重要性,通过拯救地球来实现人类社会的生存和发展。可持续意识以人与自然的和谐统一作为个体的思想和行为的基础,是人类生活方式和行为习惯的指导与原则。

之于现实回应。当前人、社会与自然的对立引起的环境污染、资源短缺等不可持续问题是现代性下社会无根的表现。对于如何去寻根,叶舒宪先生在《现代性与文化寻根》中认为现代性的无根是现代文明本身的危机,是人类社会发展以来人与自然的对立问题持续积累后的大爆发。在这样的过程中人们意识到不可持续性的产生在于人与自然的平衡关系被打破了,导致人与自然对立。海德格尔从"此在"入手"人之存在"追问存在的意义,他认为存在总是存在着的存在,人所在的存在的此在为寻根带来方法论的意义:"人之何在"涉及社会与个人之间的关系,寻根与社会构建是同一过程;"人之所在"的此在规定了社会生成过程中的生动性和具体性。当人失去此在也就没有了历史性,人与社会是相互抛弃的,人与社会的分离是社会无根的表达方式。"我知道一切重要而伟大的东西只是产生于一点:人类有一个故乡并须扎根于传统。"[1]因此,构建社会可持续意识具有重要意义。可持续意识是人对自然的关爱,是实现人类持续发展的基本要求。可持续意识是对全球环境污染问题的积极回应。

  之于未来发展。人的主体性意识是人的客观存在,但也要认识到个体行为的局限性,认识到人和自然地位的平等性,把维护人、社会与自然的整体有机性作为人类行为的价值原则。人类在发挥主观能动性的同时,承认自然界的价值和个体的局限性。这样,人类才能摆脱主体性哲学,超越传统的人本主义哲学。一方面,从人类社会的生存发展的需要看,必须规范人类行为的合理性,只有如此,才能协调人与自然的关系。这需要从研究人的本然状态转向研究人的应然状态,以保证人类可持续生存的价值论基础的应然性。从可持续意识立足于生存论看,人们要坚持适度节俭的消费,对人类生存行为给予关注,提倡可持续性的意识和原则。另一方面,可持续发展坚持关注现代生活,又满足未来发展的需要,人类不仅要关注自身发展的需要,还要让子孙后代和人类社会持续生存下去。自然环境的生态系统能够实现

---

[1] 彭富春.哲学与美学问题:一种无原则的批判[M].武汉:武汉大学出版社,2005:172.

自我修复，但人类在满足自身生存需要的时候，不能损害自然界的自我修复能力，我们需要转变观念，改变生存方式，同时必须对我们的实践进行评价、约束和规范，以便把我们的实践限制在不破坏自然生态系统稳定的限度内，实现人类代内和代际的可持续生存。

三、人与自然关系的相关研究

（一）国外的相关研究

1. 关于现代性引起人、社会与自然不可持续问题的研究

法兰克福学派批判现代性下资本主义社会对自然的破坏引起诸多生态问题，他们有着丰富的著作。主要作品有：霍克海默和阿多尔诺的《启蒙辩证法》、马尔库塞的《单向度的人——发达工业社会意识形态研究》、弗洛姆的《孤独的人：现代社会中的异化》等。而乌里希·贝克的《世界风险理论》、安东尼·吉登斯的《现代性的后果》、鲍曼的《个体化社会》等也从现代性的视角审视人、社会与自然的关系。现代性视阈下，人类在工具理性和资本利益的两面大旗下，发展了人的主体性，认为自然是人的对象物。当人与自然的主客体分化时，就倾向于用资本和技术把自然进行分解，尤其是资本主义制度下的生产方式引起人、社会与自然的对立，从而产生不可持续性问题。

2. 西方环境伦理学中的可持续思想

环境伦理学是现代环境保护运动的产物，主张建立人与自然的伦理关系，把人与人的关爱扩展到人对其他物种的关爱。早在19世纪的西方，美国博物学者玛什的《人与自然》、英国医生赫胥黎的《进化

与伦理学》都认为人与自然之间应建立某种亲和的伦理关系。20世纪初出现了人类中心主义与非人类中心主义的争论,针对因人类中心主义而导致的对自然的破坏,环境伦理学家打破传统伦理学研究的界限,把道德关怀从人类扩展到自然界。主要著作有:施韦兹的《文明的哲学:文化与伦理学》、利奥波德的《沙乡年鉴》等。利奥波德提出了"大地伦理学"的概念,这在环境伦理学研究中具有里程碑意义。其后也出现了泰勒、罗尔斯顿等著名环境伦理学家,他们强调重视自然的价值,把道德义务和伦理关怀扩展到所有生命以及整个生态系统,引导人们放弃主体地位,进而提出了动物解放论、生态中心论等,意在使人与自然和谐相处。

3. 生态学马克思主义的可持续思想

生态学马克思主义开始于20世纪70年代,从生态问题切入,探讨资本主义生产方式下人类对自然的破坏,提出要消除生态问题,唯一办法就是废除和消灭资本主义制度,建立社会主义制度。主要著作有:本·阿格尔的《西方马克思主义概论》、威廉·莱斯的《自然的控制》、詹姆斯·奥康纳的《自然的理由:生态学马克思主义研究》、福斯特的《马克思的生态学:唯物主义与自然》和《生态危机与资本主义》、戴维·佩珀的《生态社会主义:从深生态学到社会正义》等。生态学马克思主义是西方生态运动和社会思潮相结合所产生的。在实践中,人们认识到资本主义制度是生态危机的根源,人们要建立一个公平正义、人与自然和谐统一的新型文明社会。

4. 可持续发展理论的研究

可持续发展思想的形成与完善经历了三个阶段:1972年在瑞典斯德哥尔摩召开的联合国人类环境会议以及通过的《人类环境宣言》被看作是可持续发展思想的萌芽;1987年联合国世界环境与发展委员会发表的《我们共同的未来》对可持续发展理论的形成起到推动作用;

1992年在里约热内卢召开的联合国环境与发展大会以及通过的《21世纪议程》和《里约宣言》等是可持续发展理论的行动指南。可持续发展思想体现了人类对实现人、社会与自然和谐发展的期待。西方对可持续意识的研究主要体现在以环境教育为切入口,马尔杜·苏里的《温德尔·拜瑞的自由主义、民主主义理论》、史蒂芬和布莱恩的《教育是为了无家可归还是家园建设》、亚瑟·卢卡斯的《环境与环境教育:概念问题与课程含义》等著作都认为开展环境教育的目的是通过学习来提醒民众身边存在的环境问题,告诫人们要保护自然资源。

(二)国内的相关研究

1. 关于人与自然的研究

可持续意识遵循了和谐共生、协同进化的规律,体现在人与自然和谐共存的思想中。对于人、社会与自然的关系的认识主要有两种:一是通过马克思主义经典著作所解读出的人与自然的关系,以阐述人与自然的关系为主。其中金维克的《论马克思的"人化自然"思想》揭示了资本主义社会中人的异化问题;刘思华的《生态马克思主义经济学原理》认为马克思、恩格斯从人与自然、人与人的关系出发,得出只有共产主义才能合理地解决人与自然、人与人之间的矛盾。二是通过中国传统文化来探讨人与自然的关系。张岱年、季羡林写了很多这样的文章,呼吁加强人与自然的关系的研究;余谋昌的《生态伦理学》《环境哲学:生态文明的理论基础》、刘湘榕的《生态伦理学》、周鸿的《文明的生态学透视:绿色文化》、李培超的《自然的伦理尊严》等认为通过建立人与自然的伦理关系,可以实现人类社会的持续发展。而陈学明的《"生态马克思主义"对于我们建设生态文明的启示》、任俊华和李绍元的《"物我同一"与生态伦理——庄子的生态伦理思想新探》、魏德东的《佛教的生态观》、李海亮和杨华祥的《老子"道法自然"的生态伦理观》等文章都认为中国传统儒释道文化中包含丰富的天人合一思想,是可持续思想的源泉。

2. 生态马克思主义研究

国内有一部分学者在译介生态马克思主义作品。王瑾的《西方新社会运动初探》首次将"生态马克思主义"概念介绍到中国,认为生态马克思主义是绿党的左派思想。徐觉哉的《社会主义流派史》将德国绿党视为生态社会主义的代表。俞吾金和陈学明的《国外马克思主义哲学流派新编(西方马克思主义卷)》将生态社会主义作为生态马克思主义的一个组成部分。王雨辰的《生态批判与绿色乌托邦:生态学马克思主义理论研究》、马晓明的《生态马克思主义的理论图式、价值追求与现实启示》等从历史唯物主义出发,批判资本主义制度引起的生态危机,探讨生态马克思主义在人与自然关系上的价值追求。

3. 可持续意识路径选择研究

国内关于可持续意识研究主要集中在伦理教育和可持续发展理论两方面。目前收集到的著作有:曾建平的《寻归绿色——环境道德教育》、马桂新的《环境教育学》、李久生的《环境教育论纲》、刘宗超的《生态文明观与中国可持续发展走向》、李训贵的《环境与可持续发展》、巩英洲的《生态文明与可持续发展——对人类现在到未来文明的哲学探讨》、杨振强和孙铭明的《环境意识教育》、李淑文的《生态文明道德观与可持续发展》等。生态文明建设为中华民族复兴提供了重要机遇,如此才能够实现人、社会与自然的和谐统一,在价值追求上实现公平正义,在社会发展上实现可持续发展。

综合现有研究成果可知,虽然直接从马克思主义哲学和伦理学出发来探讨可持续意识的著作并不多见,但从不同学科出发来研究人、社会与自然关系的著作较为丰富。马克思主义经典著作以唯物主义的立场阐释人、社会与自然之间的辩证关系,为我们研究社会与自然之间的非有机性问题提供了理论依据。中国传统文化和西方环境伦理思想对人与自然关系的关注为我们研究可持续意识提供了丰富的文化资源。生态马克思主义扩展了人、社会与自然研究的视野,尤其是对资本主义制度下的生产方式所引起的生态危机予以批判。

当前我们对可持续问题的研究,尤其是人与自然关系的研究取得了丰富的成果,但是还不够深入和全面,还有较大的理论探索空间,还有许多概念、问题有待解释清楚,有必要进行更深层次的理论研究。如研究领域相对狭窄。可持续意识的相关理论涉及哲学、伦理学、管理学、经济学、社会学、教育学等诸多学科领域,必须以交叉学科的视野进行研究,但目前许多研究还停留在某一学科或某一理论的视角下。如在界定可持续意识的内涵时必须区分环境意识、生态意识、公民意识;描述可持续意识的特征时要做到范围明晰、层次清晰,同时有必要进一步深化可持续意识研究的价值和意义。如在研究人、社会与自然的关系时,要从理论层次阐释现代性视阈下人、社会与自然的对立所造成的不可持续性问题及其原因。如对于构建可持续意识的路径选择,要从整体性的视角出发来探讨可持续意识的培育及普及,从而为可持续意识的内化提供具体实用的方法指导。

四、人与自然关系的解读思路

构建当代可持续意识,要坚持以马克思主义理论为指导,以人、社会与自然的和谐共生为目标。按照这一思路,本书分为六个章节作了探讨。

第一章"可持续意识的本体解读"认为可持续意识是一种社会意识,是人类对生存和发展问题的觉醒,这种觉醒要彻底改变人类过往的思维方式和价值理念,实现人、社会与自然的和谐共生。本章首先区分了可持续意识与公民意识、生态意识和环境意识。可持续意识是公民意识的内在要求,公民意识是可持续意识的基本条件;可持续意识是生态意识的支撑,在生态意识的基础上可持续意识才能被履行和信守;可持续意识包含环境意识的内容,环境意识是从人类利益的角度重视对环境的保护,而可持续意识是站在整体的道德层面关注人类的生存和发展。其次界定了可持续意识的内涵特征。可持续观念意识认为自然与人的关系具有完整性,每个公民应该尊重自然,尽到自己在社会中的道德和义务。可持续伦理意识是从人的生存出发,以人的认识为基点,建立人对自然的伦理关爱。既重视人类当前的生活,又满足后代的生存需要,并以此作为人类生活方式和行为习惯的基础,可持续责任意识是人类共同体生活的道义规范,体现为人对自然承担的道德责任,是对人类发展中的观念、道德、价值的反思;可持续消费意识摒弃了消费主义价值观念,在人的消费方式和价值观念上倡导适度消费、理性消费和简约消费。最后阐释了构建可持续意识的时代诉求,构建可持续意识能够实现人、社会与自然的和谐共存,也是对全球性环境问题的理性反思,这还是马克思主义可持续思想在当代的彰显。可持续意识作为一种观念,是对社会共同体的道德责任,由此不难理解,可持续意识的构建是生态文明建设的必由之路,也是思想政治教育的重要价值理念。因此,构建当代可持续意识对于解决人类生存危机具有重要的理论价值和现实意义。

第二章"马克思主义的可持续理论"认为马克思主义的可持续理论围绕人、社会与自然的和谐统一形成了丰富的理论。首先,马克思主义经典著作中有着对生态可持续性的深切关注。在马克思看来,急需一个合理规范的人与土地的物质变换关系,一个超出资本主义社会朝向社会主义和共产主义发展的关系,在新社会里联合起来的生产者"合理地调节他们和自然之间的物质变换"是必要的。可持续发展不等同于共产主义,资本主义制度同样强调可持续发展的重要性,但是资本主义制度有着自身不可克服的矛盾。资本主义制度下的生产方式引起了极端的两极分化,财富在无限增长的同时造就了异化的生态。马克思认为,未来的共产主义能够超越资本主义对自然的异化形式。其次,列宁继承和发展了马克思的可持续思想,他指出要尊重自然,自然规律是客观的,人不能违背自然规律。他批判人造肥料在农业生产中的消极影响,建议通过资源的循环利用来消灭城乡对立,并强调要加强环境保护。他批判资本主义生产方式对资源的掠夺。最后,中国特色的可持续理念十分丰富,从"绿化祖国,建设美好家园","植树造林,绿化祖国,造福后代","将生态环境良好的国家作为全面建设小康社会的重要目标之一",到"科学发展观""生态文明建设"

"美丽中国""绿色理念"等都是马克思主义可持续理论的重要延伸,丰富了当代可持续理论的内涵。

第三章"当代可持续意识的相关问题及原因分析"认为人、社会与自然和谐共存是实现社会持续发展的基础。现代性下资本逻辑和工具理性改变着人类与自然的关系,人类以机械的、原子的思维方式把自然当成物件来肢解和征服,打破了人、社会与自然的有机性,最终出现环境污染、资源短缺和生态破坏等不可持续问题。主要有四个方面的表现:价值导向混乱下理性价值评判的缺失导致对自然价值的忽视;沉溺于物质享受下人们的可持续发展信仰的滑坡减弱了其持续发展的责任;资本和技术引诱下的个体可持续道德意识的缺位产生道德虚无主义;精神迷茫空虚下的人们的非理性消费引起消费主义滥觞。出现以上现象的主要原因是:主体性哲学下自然的祛魅,工具理性下科技的发展,资本逻辑下对利润的追逐和文化缺失下的异化消费。因此,构建可持续意识可以让每一个个体意识到对社会、自然的道德责任,认识到以合作的和有意义的方式与自然和谐生活的重要性。

第四章"可持续思想探析与文化嬗变"深入反思当前人类的生存方式对可持续发展造成的困扰,我们既要坚持马克思唯物主义的可持续思想,又要深入分析中西方传统文化中的可持续思想,从文化嬗变中吸收和借鉴宝贵的精神财富。作为研究对象,可持续思想的内涵是丰富而深刻的,蕴涵了历史的、文化的、现实的各种因素。因此,构建可持续意识不能仅仅局限于可持续发展观的简约表述上,还应该透过这一表述,理解可持续思想所体现的历史变迁、文化传统、现实呼唤和未来期许。只有从理论溯源、比较异同入手,才能更加科学地确立构建可持续意识的长效机制,使可持续意识深入人心。

第五章"当代可持续意识构建原则"认为可持续意识的构建要立足于马克思主义可持续理论,坚持社会主义方向,以人与自然的和谐统一为目标,即发展人的能动性,同时尊重自然的规律性,在环境的承载范围内既满足代内的生活,又使子孙后代得以延续。另外还可吸收和借鉴西方可持续伦理理论,建立人对自然的德性之爱,把道德关怀从人与人扩展到人与自然,将善恶、良心、正义、义务等道德意愿应用到人与自然的关系上,从人的能动性出发,倡导公民主动承担起对自然的道德责任和义务。还要坚持思想政治教育的引导功能,纠正长期以来人们认为思想政治教育只是解决人与人的关系问题,而应该把人与自然的关系纳入其中,向公民宣传符合可持续发展理念的环境意识,让环境教育渗透到思想政治教育中,从而从观念价值层面树立起善待自然的责任感。在构建原则上,要重构自我与他者的道德关系,设立客体目标的合理性规范,化解人与自然的道德分歧,确立主体改造自然的道德合理性。在构建内容上,要把主动性与规律性结合起来,构建人与自然和谐相处的正义秩序,培育可持续意识的法治精神,塑造可持续消费的文化氛围。

第六章"当代可持续意识构建路径"从人类社会发展的视角出发,首先,人类发展以文明为基础,自然的发展是伴随着人类社会发展的,现代性下人类引起了自然与文明的对立,因而要重塑自然与文明的统一关系,顺应自然发展规律,实现社会可持续性。其次,人的行为受到价值导向的引导,非理性的价值评判导致对自然价值的忽视,要确立理性的价值评判标准,谋求人类与世界共生,与万物共生,给予自然关爱。人拥有关爱自然的本能,就会在内心世界形成一种积极的行为意识,这种意识能够使个体在自己的实践中关爱自然。再次,通过建立可持续伦理意识可消除人类与自然界的对立,将人从物质享乐中拯救出来,形成可持续的生活方式和消费行为。这种伦理意识认为关爱自然是人类的一种信念,是对自然的无私奉献,进而形成人与自然的命运共同体。最后,科学工作者要树立一种整体的自然观,将自然、社会和人看成一个统一的整体,从整体的高度去看待和研究这个高度复杂的系统,以此来指导其实践行为。中国作为一个发展中国家存在资源短缺、环境污染和生态破坏等不可持续问题,因此,研究中国的可持续意识构建路径具有重要的现实意义。可持续意识并不是与生俱来的,不仅需要人自身的觉醒,同时也需要外在制度的配合,需要借助各种途径来共同推动人们将可持续意识内化于心,外化于行。

当代可持续意识构建研究

第一章
可持续意识的本体解读

可持续意识是一种社会意识,是人类对生存和发展问题的觉醒,这种觉醒要彻底改变人类过往的思维方式和价值理念,实现人、社会与自然的和谐共生。

一、可持续意识相关概念辨析

全球性气候变化,特别是极端气候给生态系统带来严重的影响。二氧化碳排放量的增加导致全球性气候变暖,全球变暖将引起冰川和冻土的融化,海平面上升,严重危害自然生态系统的平衡。此外,城镇化的快速发展,使地球上可以开发和利用的资源都进入了人类的视野中,有限的资源被肆意地开发利用,这导致了资源短缺、森林锐减、加快物种灭绝等问题。这些负面问题阻碍了人类的生存和发展,严重影响人类的福祉,甚至影响到人类的可持续性。马克思曾向人类发出警告:"不以伟大的自然规律为依据的人类计划,只会带来灾难。"[①] 20世纪出现的"八大公害"[②]引起人类对环境和发展的关注,这些事件给人们留下了深刻的记忆和惨痛的教训,只有重视环境保护,促进人类与自然的和谐共生,才能实现人类的可持续发展。

从现实的警示和历史的教训来看,把自然生态系统纳入人类的自觉实践之中,是与社会、经济的发展相辅相成的,如此才能实现人类社会的可持续性。20世纪60年代,卡逊的《寂静的春天》

---

① 马克思恩格斯全集(第31卷)[M].北京:人民出版社,1972:251.
② 八大公害:比利时马斯河谷烟雾事件;美国多诺拉镇烟雾事件;伦敦烟雾事件;美国洛杉矶光化学烟雾事件;日本水俣病事件;日本富山骨痛病事件;日本四日市气喘病事件;日本米糠油事件。

展现了全球对于人与自然协调发展的探索历程。1972年6月5日,113个国家的1 300名代表在瑞典首都斯德哥尔摩召开联合国人类环境会议。这是世界各国政府共同讨论当代环境问题、探讨保护环境战略的第一次国际会议,通过了《人类环境宣言》,呼吁各国政府和人民为维护和改善人类环境,造福全体人民,造福后代而共同努力。从此每年6月5日成为保护环境、反对公害的世界性纪念日。1992年6月3—14日,联合国环境与发展大会在巴西里约热内卢召开,此次大会提出人类"可持续发展"的新战略和新观念:人类应该与自然和谐一致,可持续地发展并对后代提供良好的生存发展空间;人类应该珍惜共有的资源环境,有偿地向大自然索取。人类为此应该变革现有的生活和消费方式,与自然重修旧好,建立新的全球伙伴关系——人与自然和谐统一,人类之间和平相处。其中第36章"促进教育,公众意识和培训"与环境教育有关。1977年10月14—26日通过的《第地利斯宣言和建议》指出,要通过环境教育培养人类可持续意识。中国政府在会议后即提出了促进中国环境与发展的十大政策。为"加强环境教育,不断提高全民族的环境意识",1994年中国政府公布了《中国21世纪议程》,要求加强对受教育者可持续发展思想的宣传,将可持续发展思想贯穿于从初等到高等的整个教育过程中。此后针对气候问题,《联合国气候变化框架公约》《京都议定书》《巴黎协定》等文件陆续出台,可持续发展的理念被各国广泛接受,开启了人类认识和处理生存与发展问题的重要探索。

(一)可持续意识概念的界定

可持续意识自古就有,但人类的可持续意识是在环境伦理发展下才逐渐有了觉醒。当工业文明的发展让人类失去了明净的天空,在经济发展过程中人们越来越意识到自己在走一条社会与自然对立的道路,不仅使经济发展减速,还使人们愈加焦躁与失落。人与自然对立使得人们重新思考人类与自然的关系,思考人类可持续生存的模式。这种模式就是公民的可持续意识,可持续意识是伴随着生态意识的出现而形成的。对于可持续意识内涵的探讨,利奥波德在《沙乡年鉴》中指出:"没有生态意识,私利以外的义务就是一句空话。所以,我们面对的问题是把社会意识的尺度从人类扩大到大地(自然界)。"①今天,人们清醒地认识到,只有可持续意识的觉醒,才是技术手段与法律制度得以畅行的保证。可持续意识的觉醒使人们认识到人、社会与自然和谐相处的重要性,这关系到人类的生存和发展。

从哲学上讲,可持续意识是一种社会意识,是人类对生存和发展问题的觉醒,这种觉醒是要彻底改变人类过往的思维方式和价值理念,实现人、社会与自然的和谐统一。在这个意义上,我们构建可持续意识,就是对现代性下人与自己对立的觉醒,最终目的是将公众无意识的破坏环境的行为转变为主动的环保意识,做到对大自然万物自觉关爱,能意识到人类的不合理行为对自身和发展的危害,积极调整自身行为,使之与自然环境达到新的和谐发展状态。可持续意识是"一种新的价值观,主要是指对大自然机制的认识以及与对自然有关的人类行为的价值的认识"②。这种意识是分层次的,浅层次的可持续意识存在于认知和感情方面,能够引导人们理性的行为模式,深层次的可持续意识是个人价值观的一部分,是对人类生存发展的忧患意识以及对可持续的伦理认同,直接关系到个人行为。可持续意识包含知识、态度和行动三个层次。可持续意识知识是人类在发展中积累的各

---

① [美]利奥波德.沙乡年鉴[M].侯文蕙,译.长春:吉林人民出版社,1997:122—123.
② 徐嵩龄.生态意识生态伦理学·理性生态人[J].森林与人类,1997(2).

种经验和基本理论,它是可持续发展意识中的最基本因素,是其余两个层次的基础。可持续意识态度是对可持续意识知识的运用,是对可持续发展问题作出的判断与评价以及主动参与可持续发展的动机与意向。可持续意识行动是可持续意识知识的外在表现,是运用自身的条件,使可持续意识成为一种行为习惯。总之,可持续意识作为一种意识,是人类对环境和发展反思的结果,蕴含着人对自然的德性伦理意识、人与人和谐相处的社会意识以及人与身心二元一体的精神意识。

(二) 可持续意识与公民意识

"公民"一词最早出现在古希腊的历史文献中,当执政官在论说政治的时候,经常用到"公民"一词。古希腊的"公民"一词来源于"城邦",原意是"属于城邦的人"。在《荷马史诗》中,城邦是指一种血缘集团,是某个人的故乡,没有任何直接的政治意义。"公元前8世纪始,城邦具有了政治意义,指古希腊时代的国家组织形式。这时,新型的国家官吏执政官取代了原始民主制时代的最高军事首领——王。与传统的王相比,执政官一职具有如下特点:它不是世袭职位,而是由选举产生;它不是终身制的,而是有法定的任期;它作为城邦公职人员,必须对公民负责。"[①]在古希腊城邦中,公民的身份是通过国家赋予的公民政治权利来实现的。所有公民都享有参加公民大会、陪审法庭的权利。具有近代意义的公民是随着17世纪资本主义的发展而产生的,资本主义生产关系的发展打破了封建的土地所有制,使民众从封建社会的支配下解放出来,开始形成对国家和社会负有责任的权利

---

① 李萍.论"公民"概念的本质及其历史[J].吉首大学学报(社会科学版),2002(3).

主体,近代市民社会也因此形成。西方历史有着悠久的培养和塑造合格公民的传统。公民意识是一种历史的产物,是新兴资产阶级和劳动人民在反对封建专制制度的长期斗争中形成的。公民意识是影响公民是否积极担当公民身份角色的晴雨表,它直接指引和引导着公民个人参与社会关系的行为。全体公民的普遍的公民意识将会极大影响国家的政治关系,全体公民意识的有无是公民个体真实社会化的标志之一,是国家走向法治状态的重要因素,在社会转型时期,更需要引起重视。"巨大的社会变革不是由观念单独引起的,但是没有观念就不会引起变革。"① 在心理学中,意识是人所特有的一种对客观现实的高级心理反应形式,包括感觉、直觉、表象等感性形式,也包含概念、判断、推理等理性形式。

公民意识是公民对自身的政治地位和法律地位以及应履行权利和应承担义务的自我认识。作为政治文化的重要组成部分,它集中体现了社会政治系统以及各种政治问题的态度、倾向、情感和价值观。由此,公民意识并不能和公民的其他意识严格区分开来,它或者直接来自公民自身的政治实践活动,或者来自公民对其政治地位的规定,或者来自公民在参与经济活动或其他社会活动所带来的思想观念。它既可能是一种明确的法律意识,也可能是一种模糊的道德意识。公民意识的核心是公民身份意识,即公民对自己的身份——公民的认识。公民身份观念是公民意识的基础。实际上,一个人在社会中承担多种不同的角色,而这些角色并非可以截然分开。正如墨菲说的:"同个人与公民之间的区分一样,私人(个人自由)与公共(共和主义)之间的区分也仍然保持着,但它们并不是两个完全分立的领域。我们不能这样说,'我作为公民的义务在这里结束了,随之作为个人的自我的

---

① [英]霍布豪斯.自由主义[M].朱曾文,译.北京:商务印书馆,1996:24.

自由就开始了'。这两种身份存在于一个永远也不会被调解的永恒张力之中。"①公民作为可持续意识的承担者,不可或缺地需要介入对公民意识的追问中。公民意识是每一个公民作为社会共同体成员在相互交往的公共生活中对待他者的生活规范。公民意识体现出的是恰当的态度和行为,公民只有处在平等的政治地位中才能有效地参与公共事务,从而形成公民意识。"好人与好社会(或好城邦)之间的关系问题是自苏格拉底、柏拉图以来一直让政治哲学家和伦理学家困扰不已的问题,具有公正德性的人(好市民)才能构成一个公正的社会,而具有公正制度的社会才能培养出具有公正德性的人,这是一种互动的关系。"②

可持续意识是对人类在自然领域提出的行为规范,体现对自然价值的尊重。自然与世界并不是混淆在一起的,在黑格尔看来"因为世界终究是精神事务和自然事务的集合体"③。可持续意识并不是对应于深层生态学的需要,也不是构建生态乌托邦的意识形态。它超越于笛卡尔哲学的自然权利,相较于人的权利是既有相似处而又有差别。相似点在于对自然价值的尊重,对人类可持续发展的整体考量。"某些道德哲学家也怀疑,是否存在着像'大自然的权利'这类如此抽象的东西。但是,正如我们将见到的那样,其他人则十分自信地使用这个词。同时,他们也承认,狼、枫树和高山确实不会向人诉求其权利。人类是有责任为这个星球上的其他栖息者的权利进行辩护并予以捍卫的道德代理人。这样一种权利观意味着,人对大自然负有义务和责任。"④无人生存的大自然,并不是人类所渴盼的自然形态;而无自然界相伴随的人类,也不是自然所希望的人类形态。

---

① [美]墨菲.政治的回归[M].王恒,臧佩洪,译.南京:江苏人民出版社,2001:82.
② 卢风.应用伦理学:现代生活方式的哲学反思[M].北京:中央编译出版社,2004:82.
③ [德]黑格尔.自然哲学[M].梁志学,薛华,钱广华,等译.北京:商务印书馆,2006:22.
④ [美]纳什.伦理学的扩展与激进环境正义[M].杨通进,译.重庆:重庆出版社,2007:121.

可持续意识强调自然作为活的有机体的观念,强调地球母亲的整体地位,它至少是把与人相等的地位赋予了大自然。"有机理论的核心是将自然,尤其是地球与一位养育众生的母亲形象等同起来:她是一位仁慈、善良的女性,在一个设计好了的有序宇宙中提供人类所需的一切。"①

(三) 可持续意识与生态意识

当工业文明的浓烟掩盖了蔚蓝的天空,当人们越来越认识到自己正走在一条与自然对立的路上,从而产生焦躁与失落时,这种焦躁使得人们重新思考人类与自然的关系,重新寻找与自然和谐相处的模式。于是生态意识进入了人们的视野。对生态意识的探讨,利奥波德的《沙乡年鉴》被称为"美国资源保护运动的圣书"。利奥波德生活的年代,是人类中心主义在美国占据主流的时代。他描写道:"在那个年月里,我们还从未听说过会放弃杀死狼的机会……那时,我们总是认为,狼越少,鹿就越多,因此,没有狼的地方就意味着猎人的天堂。"②可见在衡量自然价值的时候,人们运用功利的价值观念,用人的好恶来衡量其他生命的价值。对于利奥波德的"大地伦理",很多人持有否定和怀疑态度。在经济实用主义者眼中,利奥波德的"大地伦理"是很难立住脚的。直到20世纪60年代以后,在"狼少鹿就多"的思维下,狼大量消失后,鹿确实一度暂时繁盛过,但鹿的增多却造成了大量农田被毁和土地荒漠化。社会发展出现较深重的生态问题时,人们开始越来越多地加入利奥波德的行列中,承认人对自然负有责任,愿意将自然视为自己的道德对象。直到利奥波德诞辰100年时,人们

---

① [美] 纳什.伦理学的扩展与激进环境正义[M].杨通进,译.重庆:重庆出版社,2007:17.
② [美] 利奥波德.沙郡年记[M].王铁铭,译.桂林:广西师范大学出版社,2014:113.

公认他为"当之无愧的自然保护之父",将他的著作奉为"现代环境主义运动的一本新圣经"。加在利奥波德身上的这些殊荣说明生态问题随社会的发展已经越来越严重,生态意识逐渐觉醒。从心理学的角度看,个人的价值观念直接影响个人的行为,为更好地约束人们的生态行为,最直接有效的方法是培养人们的生态价值观。心理学的分析也告诉我们,在一个群体中,多数人会形成共同的价值判断。而从哲学的角度看,生态意识是一种社会意识,是根据社会生态系统运动的规律,从最优角度反映和解决人、社会与自然关系问题的认识。在这个意义上,我们应将伦理范围扩大到自然万物中,意识到对生态环境的破坏也就是对自身生活的危害,从而自觉地遵循相关的法律法规,自觉地应用科技手段,积极调整自身与自然的关系,达到新的和谐发展的状态。

可持续意识是在人类社会生活中形成的。从这一点来说,可持续意识是促成社会有序发展的需要,也是个体自由全面发展的必须,所有成员都要为此作出努力。西方共同体主义代表人物查尔斯·泰勒进一步指出,人只有在社会中才能发展其能力。他认为活在社会文化之中是个人发展理性,成为一个道德主体、一个负责任的存在者的必要条件。当然,相反的观点则强调现代社会已不再是简单协作的共同体,而是复杂博弈的竞争场,正如自由主义哲学家罗伯特·诺奇克更为看重个人的地位和作用。但共同体主义者所重视的价值是对共同体的忠诚、归属、团结,它对于凸显自我和追逐个人利益的批判是有着充分且完备的社群生活基础的。可持续意识是维系共同体和谐的理念,主张自由、平等与公正地对待自然界的事物,树立合乎功过与否的可持续原则,并对具有自然正义性质的法律规则做道义准备。"公正最为完全,因为它是交往行为上的总体的德性。它是完全的,因为具有公正德性的人不仅能对他自身运用其德性,而且还能对邻人运用其德性。"①作为人类发展的需要,可持续意识为每一个体的行为设定规范,人们应遵照此生活。而生态意识主要指对大自然价值和人类行为价值的认识,缺乏从人类共同体发展的需要入手认识人与自然的关系,仅仅从生态学的角度论述人对自然的认识和观念。所以,可持续意识是一种获得性品质,它是一种道德,也是个人对自然的行为和态度的表现,最终目的是对人类共同体的发展承担责任。

(四) 可持续意识与环境意识

何为可持续意识? 一般来说,可持续意识是建立在对人类生存状况的反思上,以整个世界的可持续发展为基础,对人与自然和谐发展问题的一种观念意识。它指导着人对自然界的恰当态度与行为规范。黑格尔在《自然哲学》中说:"自然自在地就是理性,但是只有通过精神,理性才会作为理性,经过自然而达到实存。"②可持续意识和环境意识是有区别的。可持续意识是从整个人类的发展而言,把人、社会与自然看成一个有机的整体,突出自然的内在价值以及生物圈自身的价值。在可持续意识中,保护自然是目的,但更重视人类的持续发展,并实现一种综合价值,即自然价值、经济价值和持续发展的统合。

环境意识是为解决环境污染而出现的,是服务于人类环境生活的观念形态,关注全球环境危机,以解决环境问题为宗旨。在环境意识中,保护自然是手段,自然的外在价值远远胜过其内在价值。"在生物学上,人类是环境体系中的一部分,即其整体的附属部分。但是,人类社会又是被设计好来开发这个作为一个整体的环境去生产财富的。

---

① [古希腊] 亚里士多德.尼罗马可伦理学[M].廖申白,译.北京: 商务印书馆,2003: 130.
② [德] 黑格尔.自然哲学[M].梁志学,薛华,钱广华,等译.北京: 商务印书馆,2006: 19.

我们在地球上所扮演的这个矛盾的角色——既是参与者又是开发者，便歪曲了我们对环境的概念。"[1]可持续意识是以实现人的持续发展为目标，自然的内在价值和外在价值处于同等重要的位置。所以可持续意识比环境意识概念范围更广。可持续意识并不是简单得如培根所说的"善德在于人心"。它并不是人从道德层面上对自然道德的意识，而是外化为与自然交往时必须遵循的行为规范。这种行为规范，一是人类对自然应尽的义务，二是出于人类共同体发展的责任。根据共同体主义者桑德尔的自我洞察，罗尔斯所谓的"无拘的自我"在社会常规与社会关系中并不能全然成立。"自我并非无拘"的判断决定了我们每个人都要尊重自己的社会角色，专注于自我的社会职能分工。这是共同利益的可持续意识所欲实现的目标，也是健全的可持续意识的承载需要。在社会共同体的实践中生成的可持续意识，需要体现基本的自然德性，并在交往活动中加以履行。所以，可持续意识比环境意识的内涵更深刻。

---

[1] [美]康芒纳.封闭的循环[M].侯文蕙,译.长春：吉林人民出版社,1997：10.

二、当代可持续意识内涵的诠释

意识是哲学、心理学以及其他学科的研究对象或研究课题。马克思主义经典著作中的"意识"一词有两种用法:一种是指意识到的活动;另一种是与物质相对立的活动的结果,即知识、思想、观念等。可持续性是一种长久维持的过程和状态。早期认为可持续发展是在满足当代人需要的同时,不损害下一代发展的需要;最近认为可持续发展是在满足当代人需要的同时,保护地球的生态系统,以维持现在和将来的人类福祉。可持续意识从人类生存哲学问题渗透到日常生活之中,人们清醒地认识到它不仅是人与自然和谐共生的问题,更是文化范围内的价值观念。

(一)可持续观念意识

心理学表明个人的价值观念直接影响个人的行为,可持续意识就在行为上约束了人们在生产和生活中的不可持续行为。这种观念意识主要体现在以下几方面:一是平等意识,即人与自然的平等、人与人的平等、区域或国家间的平等、代内和代际的平等。二是发展的意识,"可以说是根源于斯宾塞自己称作'综合哲学'的两种观念,而这种观念又是 18 世纪的产物,一种是有机体生命演化的观点,或者像斯宾塞所说的,'有机体进化'"①。人们对"发展"的思考从未停止。古希腊哲学家通过对世界的思考,发现世界是按照"逻各斯"向终极目的发展的。亚里士多德的"实体说"展示了世界如何从潜能向现实发展的转变,柏拉图的"理念哲学"则提供了世界从理念世界派生又向理念世界上升、回归的发展过程。在中世纪,虽然"发展"被异化为神的意志的体现,但还是蕴含着一切事物是运动变化着的这一观点。人类进入现代社会以来,伴随科学技术和工业文明的发展,生产力水平迅速提高,人类认识和改造自然的能力大大增强,并表现出强大的理性主义倾向、物质利益价值取向与盲目乐观的心态。人们相信人性永远进步,历史永远向上。基于此,现代人觉得自己所做的一切都有利于人类福利,加上对科学的信仰,现代人更是觉得自己无所不能,进步构成发展的主要内涵。

随着达尔文"进化论"的提出,进化的观念经由胥黎等人的阐发而逐渐成为发展的主要内涵,斯宾塞将其引入社会领域,使得发展的观念成为一种自然科学概念和一种哲学概念,并最终成为一种社会学发展观念。佩鲁指出:"随着 19 世纪科学、技术和基础教育唤起的热情,人们持有这样的一种观点:进步是一种'带来幸运的必然性'和一种自我维持和积累的过程。"②通过科学技术的推动力以及理性主义的发展,发展的观念以自然科学的成果为实证基础,成为人们认识世界和改造世界的一种哲学观念。从斯宾塞以后,客观主义的发展观念开始盛行,认为发展都是从低级到高级,由旧物质到新物质的运动变化过程,因此,人类的历史是为了实现某种预定的理想目的而努力的。

---

① [英]拉德克利夫-布朗.社会人类学方法[M].夏建中,译.济南:山东人民出版社,1988:149.
② [法]佩鲁.新发展观[M].张宇,丰子义,译.北京:华夏出版社,1987:21.

对发展的另外一种理解是"增长就是发展"。这种观点比较集中于经济学领域,美国经济学家阿瑟·刘易斯在发展经济学开山之作《经济增长理论》中认为,经济增长是社会发展的指标。虽然经济发展快速,但是也出现严重的社会问题,比如环境污染、生态破坏等问题。这种单一的发展观使人们重新思考发展的内涵,提出了"整体的""内生的""综合的"新的发展观,并将发展理解为经济、文化、科技协同,进步社会转型,自然生态保持平衡等的综合发展过程。但是这样的发展观因过于强调当代人的发展而没有考虑到后代的发展,不免有局限。后来又形成了以强调人类代际和代内公平为中心的可持续发展的目标。这一目标突出了人与自然以及生态系统协同发展的可持续性,但忽视了社会与人的全面可持续发展。

可持续观念意识遵循自然价值的原则。可持续观念意识作为一种价值观念,只有转变为实际的行为才能实现价值。"伦理道德的根基在于它首先是人的现实存在方式、生活方式、实践方式之一,而不是仅仅发生于观念中的东西;因此它必然与人的生存发展实践相联系,并由人的生存发展实践强有力地创生出来。"[1]所以,任何一种观念意识,只有融入具体的生活中才能形成一种巨大的现实力量。人类对自然价值的认同体现在对自然的尊重中。我们只有认为人和自然具有共同的价值,才能把人与人的伦理关系扩展到人与自然。传统的人与人的伦理关系是同类关系,每一个人都应该像对待自己一样对待其他人,人与人之间是公平、公正和平等的关系。在人、社会与自然的有机整体中,平等成为人与自然和谐相处的行为秩序,人对自然界的存在物的态度,是人与自然之间形成伦理关系的基础和价值导向,我们应该像对待自己的生命一样对待一切生命,像对待自己那样对待自然。

---

[1] 李德顺.普遍价值及其客观基础[J].中国社会科学,1998(6).

只有尊重自然，才能保护空气、水、植被与土壤等，从而形成关怀自然、爱护环境的基本观念。可持续观念意识本着对自然的尊重和责任，尊重自然的意志表达，在不隶属也不支配自然的前提下遵循自然及其整体价值。

可持续观念意识认同自然的价值。人类是伟大的拓荒者，从荒野走向大地，用荒野中的材料构筑自己的文明，因此荒野是具有生态价值的。利奥波德在《沙乡年鉴》里说："荒野是人类从中锤炼出那种被称为文明成品的原材料。"人类"为娱乐而用荒野"，"为科学而用荒野"，"为野生动物而用荒野"，人类在荒野的基础上创造文化①。美国哲学家罗尔斯顿在《哲学走向荒野》一书中论证了自然界的价值，特别是荒野的价值，他提出了"哲学走向荒野"的观点。他认为荒野自然的价值是人类在荒野中发现的而不是创造的。荒野具有经济价值、消遣价值、科学价值等。但是，荒野是一种只会减少而不能增加的资源，要创造新的荒野是不可能的。现在荒野正在迅速减少，地球原生生态系统大多数已被人类破坏，或彻底改变。因而利奥波德认为有两种危险正在逼近：一是地球上更多地区的荒野正在消失，二是由现代交通和工业化而产生的世界范围性的文化混杂。因此，我们需要"像保存博物馆的珍品一样"②保护荒野的价值。所以，从荒野走向大地，伴随着意识的发展，人类的意识不仅强调动物性的一面，而是应该坚持以可持续意识来对待自然界。尊重自然的价值就要以人与自然的整体性来看待两者之间的关系，克服从个体出发的思考问题的方法。

人与自然是处于一种辩证关系的统一体。它强调每个公民都应该过一种源于自然、回馈自然的有道德的生活，尽到自己的道德与义务。只有尊重自然，才能产生人与自然有效交往的道德基础，并且形

---

① [美]利奥波德.沙乡年鉴[M].侯文蕙,译.长春：吉林人民出版社,1997：185.
② [美]利奥波德.沙乡年鉴[M].侯文蕙,译.长春：吉林人民出版社,1997：18.

成价值判断以这一社会生活标准来产生价值认同,规范行为方式。"现代人的道德危机主要表现为人们道德自觉性的降低,其根本原因则在于道德失去了超越性信仰的支持。"① 按照自然价值的原则所确定的自然生活规则进行社会活动,能有效地促进社会生活的可持续性。

人通过将自然环境和自然物作为实践对象或客体而形成自我意识,并确立其主体资格,因而人与自然的关系不是外在的,而是存在于整体内部的一种基本关系,是以人与自然的不可分割性为前提的。在此意义上,人作为一个完整的人,也不能独立于自然。可持续意识使人们重新认识自然的价值。对自然价值的反思是可持续意识哲学的核心问题。传统哲学把人与自然的关系确立为外在的主客体关系,评价某一种事物是否具有价值,就看它是否符合人的利益,是否满足人的需要。如此一来,自然的价值就被视为工具价值,甚至仅仅被视为经济价值。离开了人,自然便无价值可言。因此,这种只承认自然的工具价值而否认其内在价值的野蛮态度,可持续意识哲学是对其进行严厉批判的,认为自然的内在价值并非工具价值,是以自身为目的独立于人而存在的价值。

(二) 可持续伦理意识

可持续伦理意识兴起于 20 世纪中后期,以反思发展问题、发展路径,确认发展目的为重要任务,其直接目标是希望人们确立一种关于发展的符合伦理精神的文化观念。古莱、克拉克为发展伦理学的代表,该学派认为人们往往以追求更快的经济发展、更多的物质财富为目标,具有深刻的效率中心主义与经济中心主义色彩,忽视了人是发

---

① 卢风.应用伦理学:现代生活方式的哲学反思[M].北京:中央编译出版社,2004:59.

展的价值轴心,忘记了发展的根本目的是为了人的美好生活。在他们看来,没有伦理精神支撑的发展只是反发展,主张对发展进行价值确认。可持续伦理意识主张一种以人的生存为核心的发展。这样的发展具有两个核心要素,即人的生存和发展,一方面坚守人的价值主体性地位,认为人的生存是根本的,发展是为了生活更美好;另一方面并不反对发展,不否定经济增长的作用。

可持续伦理意识是从伦理的视角关注人类社会的发展,既区别于发展中心主义和伦理中心主义,又不同于自由主义和西方中心主义。可持续伦理意识从人的生存出发,以人为认识基点,是对人、社会与自然的关系的总体性、基础性的意识。可持续伦理意识的核心内容是对人类生存和发展状况的态度,以及如何看待人与自然的关系。在人类中心主义的视野下,生存本体论主张人的存在是宇宙万物最根本的存在,而从伦理价值看,则强调人类的活动价值,其他存在的价值在于为人所利用,都是为满足人的利益而存在的,自然价值是人类的依附物。由发展中心主义衍生出的理性发展观念,是西方伦理学发展过程中的重要组成部分,与现代性联结在一起。所谓现代性就是世俗化、祛魅化的过程,也就是对神圣化的主体的非神圣化、祛魅化。在这个意义上来说,推进现代性就是构建一种世俗化的生活方式和发展方式,人类以人为中心构建系统的知识体系、意识形态,为破坏自然、传统以及过度消费提供所谓的合理的平台。以人类中心主义为核心的发展伦理出现破坏生态,导致社会冲突和信仰危机等现代性问题。在马克思看来,在现代性下人类中心主义具有非人性、异化性。在海德格尔、鲍曼、福柯等看来,恶是现代性的一个特征。诸多思想家启蒙我们要对发展、对现代性、对世俗化保持充分的警惕性,不要让发展、现代性、世俗化的成就蒙住我们的眼睛,不要让发展、现代性、世俗化成为没有约束的左右我们生活的异化力量。以上问题招致非人类中心主义的批判。在非人类中心主义者看来,在本体伦层面上,不能仅仅把人的存在作为宇宙的唯一目的,而应该赋予整个自然界生存的权利。因为人类的生存的物质基础是自然界提供的,应建立人是自然界中平等一员的新的生存本体论。在认识层面上,非人类中心主义反对以简单的主客体二分法来划分人与自然的地位。自然并不如人类中心主义所说的那样任人摆布,它本身是个系统,具有自主性。当人对这个自然系统进行改造时,自然也对人的活动产生影响和制约。在实践价值层面上,由于人类中心主义认为人与自然的关系是绝对的主客二分,所以仅仅是把自然存在物当作对人有利的资源,并对自然进行利用和改造。人在实际操作过程中总是按照自身的需要取舍自然物种,人类因为利益而滥用自然资源,并不考虑一个物种的毁灭或一个特定生态系统的破坏,这会对人类本身产生长远的破坏性影响。正如美国著名的生态伦理学家莱切尔·卡逊说的:"不是魔法,也不是敌人的活动使这个受损害的世界的生命无法复生,而是人类自己使自己受害。"[1]

人类中心主义与非人类中心主义之间的争论都表现出对发展过程的反思。首先,若西方发展伦理学不对发展的历史进行反思,不对发展的本质进行追问,不对发展的问题进行透视,那就不足以构建新的发展伦理意识。可持续发展伦理是发展意识的本体论基础,没有合理、全面的伦理意识,就不可能有合理的发展态度。可持续发展伦理对于人们选择何种实践方式、生产方式、社会环境具有重要意义,主要表现为以合理的发展心态为基础,调节发展主体之间、发展主体与发展环境之间的问题,这有利于形成良好、和谐、可持续的关系。人们首先要树立理性和辩证的发展观,如此才能全面地、历史地、辩证地看待发展问题。从全面性来说,发展以经济增长为基础内容;同时又对政

---

[1] [美]卡逊.寂静的春天[M].北京:科学出版社,1979:76.

治、文化、社会生活的发展具有促进作用。从历史性说,以发展的方式推动人类社会持续发展是当代的一个重大主题。从辩证性说,可持续发展对人类社会具有重大作用,是推动人类进步的重要工具。可持续发展伦理不能把世俗化、现代性为本质的发展作为解决人类社会的根本选择。

可持续伦理意识从空间向度看,需要处理好"自我"与"他者"的关系。对个体而言,自我意识的形成对一个人的成长、成熟具有重要意义。对民族和国家而言,民族认同和民族意识的形成,对一个民族或国家的存在和发展具有重要意义。在这个意义上说,人以自我为中心具有天然合理性。正如哈维兰说的:"一个社会要有效运转,必然拥有这样一种观念:它的行为方式是唯一正确的方式,不管其他文化的行事方式如何。……在那些个人从群体获得自我认同的社会中,种族中心主义对个人价值观是至关重要的。"[1]所以,人类中心主义和非人类中心主义都有其合理性,它是人类形成文化自觉、具有自我意识的重要条件,但问题在于主客体二元对立的意识,缺乏对他人、民族以及"他者"的尊重,这样的社会发展会遭遇挑战。可持续伦理意识就是要处理好"自我"与"他者"的关系,不仅是发展论的要求,也是人类生存的要求。从空间性和现实存在性看,人是自然与社会的存在物,离开了与"他者"合理的可持续关系,自我不可能得到可持续发展。所以,可持续伦理意识既不拘泥于人类中心主义人的主体性视野,也不沉浸于非人类中心主义只关注自然而忽视发展,而是构建一种合乎人类发展理性的发展意识。可持续意识从物种之间的相互联系出发,认为物种之间在整个生态系统中的地位和作用都是平等的,物种的存留依靠的是达尔文进化论"物竞天择,适者生存"的自然淘汰原则。由于人类

---

[1] [美]哈维兰.文化人类学[M].瞿铁鹏,张钰,译.上海:上海社会科学院出版社,2006:510.

在地球上的活动范围非常广泛,不断改变着地球的自然环境,因而人类成为生物系统中的主导性生态因子。人类作为主体的"自我"和自然这些"他者"处于平等的道德地位。

可持续伦理意识从时间向度看,要兼顾"现代"与"传统"、"当下"和"未来"的关系。时间性是可持续性的基本属性,在时间这个意义上的可持续性,就是既能满足当下发展,又能实现未来发展。但是在发展实践中,人们往往过于执着于对现实的改变,过于重构未来,而相对忽视对传统的传承。在文化激进主义者眼中,传统和现实都应该得到改变,这是以断裂的时间性来看待这个世界,希望以绝对理性来处理过去、现在和未来的关系,导致了对可持续性的忽视。正如本利特所说,人类社会从来就是复杂的,人类理性的有限性使其只能在有限的范围内认识世界。人类中心主义和非人类中心主义是在有限的认识领域内对无限的自然世界进行认识的。可持续伦理意识站在种际正义和人际正义的立场看待发展问题,看待人与自然、人与人的关系。在处理"自我"与"他者"的关系时,坚持人与自然层面的种际正义,坚持人与人层面的人际正义。所谓种际正义,是指人类与其他动物、植物、微生物及其组成的生态自然等异种之间的和谐、公平问题。人际正义是不同时代、不同种族在利用资源、保护生态的过程中,取得权利和义务的对应、贡献与索取的对应。人际正义又分为代内正义和代际正义。可持续伦理意识主张罗尔斯的"正义是社会制度的首要价值"的思想,把正义看成社会首要的善和价值。这样社会公正问题就是具有实践性的应然和实然的统一与创新。发达国家必须摒弃霸权主义做法,尤其是环境问题上,应当对发展中国家造成的生态侵害作出补偿。可持续伦理意识要求当代人在享受环境带来的利益和福祉的同时,要保持环境的完整性和可持续性,不能争夺后代人生活所需的自然环境资源。可持续伦理意识是一种面向未来的价值观念,本着代际正义的原则,坚持合理有节制而不是奢侈浪费地开发利用自然界。因此,可持续伦理意识从本体论、认识论和价值论的层面重新审视人的生存和发展。在本体论上克服了人与自然的二元对立,建立了二元主体,关注人类生存的整体利益,为人类的生存和发展、为人与自然的和谐相处指明方向。在认识论上,人是伦理的主体,我们对自然讲道德是为了现在和未来的利益,我们善待和尊重自然源于我们对自身生存和发展以及子孙后代利益的负责。人类对于生态环境的破坏负有道德上的责任,并且有义务保护生态环境的平衡。在价值论上,人必须承认自然价值的存在。为了使人类对自然资源的享有更长久,我们就必须在获取自然资源时不破坏自然界的生态系统。

(三) 可持续责任意识

责任意识是可持续意识作为人类共同体生活之纽带的道义规范,体现社会成员之间的道德意识,是人类发展中的观念道德的体现,是关爱自然的自然理性。可持续责任意识首先要求在处理人与自然的关系时,人类在满足发展要求的同时不拒绝他利行为,这种以自然契约联合起来的自利和他利的意识,不仅维护自然秩序而且减少对自然的侵害。可持续责任意识是建立在以自然契约为基础上的,毫无疑义是一种现代社会性道德。李泽厚说:"所谓'现代社会性道德',主要指现代社会的人际关系和人群交往中,个人在行为活动中所应遵循的自觉原则和标准。"[1]可持续责任意识是社会共同体成员在社会交往中必须依循的行为准则。它是每一个公民在处理与自然的关系时所实践的美德体系。所以,这样的美德体系没有契约性质就不具有基本

---

[1] 李泽厚.历史本体论 己卯五说[M].北京:生活·读书·新知三联书店,2003:60.

的道德要求,这意味着公民的行为受到一种普遍有效的自然理性协议的约束。可持续责任意识不仅是有限义务,而且在力所能及的情况下个体与自然的互惠是基本初定义务。"人们要获得享受合理公民自由的资格,就必须对自己的天性加以一定的道德约束;热爱正义,就应相应地克制自己的贪恋;有健全清醒的精神,就应该克制自己的虚荣与自大;乐于听从贤人智者的意见,就不应该接受小人的阿谀奉承。社会要生存下去,就必须具备一种对个人意志与爱好的控制能力,内在约束越松,外在约束则越紧。万物构造的永恒法则是:随意任性的人是不自由的。他们的情绪铸就了自身的枷锁。"①

在建立可持续意识的契约性的基础上要明确可持续意识的责任,注重人对自然具有"选择、承担、负责"的意识。可持续责任意识从自然界成员相互承担、彼此对等的责任理念出发,"但又强调人的行为的社会性,即行为主体不允许我行我素为所欲为,而必须考虑到我想有什么样的行为,别人也同样想有这样的行为;自由有怎样的期待,别人也有同样的期待;每个人都处于同我一样的处境,我的不顾后果的行为一定会损害别人,别人不顾后果的行为也一定会损害我。这样,把对他人的考量纳入自己的决策之中并以这种考量作为自己行为的约束,那么我们的行为自然便会呈现出适度、内敛、期待对等合作等特点"②。个体的责任与人类共同体的责任是相辅相成的。在一种自然正义的价值模式中,由责任感出发所形成的公民活动是可持续意识的必然。对于那些愿意为人类共同体发展承担责任的个体来说,可持续发展就是为生活设定的价值理想。可持续责任意识从一种约束性的道德责任肇始,到自然界成员一致的全体性认同,它所具有的自然理

---

① Edmund Burke. "Letter to a Member of the National Assembly (1971)", *The Works of the Rt. Hom. Edmund Burke*[M]. Boston: Little, Brown & Company, 1865-1867.
② 甘绍平.伦理智慧[M].北京:中国发展出版社,2000:51.

性与个人道德是责任意志的普遍规律。"道德就是行为对意志自律性的关系,也就是,通过准则对可能的普遍立法的关系。合乎意志自律性的行为,是许可的,不合乎意志自律性的行为,是不许可的。"①对待自然的责任是一种实践关怀,对待自然共同体的责任是一种整体观念。可持续责任意识从作为个体的自由意志到作为共同体发展的意志,寻求的是自由意志和公共意志的和谐统一。这种和谐统一恰好就是自然道德准则所包含的责任。

(四) 可持续消费意识

从法兰克福学派和生态马克思主义对异化消费的批判可知,消费主义"通过忽略个人的自我实现的所有其他可能性(例如参与到创造性和令人满足的工作环境中),鼓励它的市民越来越以消费活动为唯一导向获得需要的满足"②。消费主义以对物品的无尽摄取、占有和挥霍为最大旨趣,在社会上造成了一批浑浑噩噩的病态消费群体。消费主义价值观的盛行,造成人对社会关系的依附性增强,人同本身异化和人同自然对立。西方法兰克福学派对消费主义进行了激烈的批判,认为消费主义导致了自然资源的快速消耗和对生态环境的破坏。消费本来应是一种有意义的、人性化的、享受性的过程,但如果消费过度以至于消费主义滥觞,则会导致人的异化,加速人与自然的对立和人生价值的虚无。"消费者社会的历史兴起,对于损害环境有着重大影响,却并没有给人民带来一种满意的生活。"③"在消费社会中的许

---

① [德] 康德.道德形而上学原理[M].苗力田,译.上海:上海人民出版社,2002:59.
② William Leiss. *The Limits To Satisfaction* [M]. An Essay on the Problem of Needs and Commodities Kingston and Montreal: McGill-Queen's University Press, 1990:28.
③ [美] 杜宁.多少算够:消费主义与地球的未来[M].毕聿,译.长春:吉林人民出版社,1997:17.

多人感觉到我们充足的世界莫名其妙地空虚——由于被消费主义所蒙蔽,我们一直在徒劳地企图用物质的东西来满足不可缺少的社会、心理和精神的需要。"①

可持续消费意识就是要批判消费主义价值观念,在人的消费方式和价值观念上倡导适度消费、理性消费和简约消费。首先,适度消费就是在满足人类生存发展需要的基础上,人们的消费不超出自然的承受力,并杜绝过度消费和超前消费。正如斯布鲁克对过度消费所批评的那样:"我们已经变成消费我们曾经生产的产品的机器,我们已经成了压迫我们自己的东西。"②适度消费可以改变消费异化对人的控制,这也是对自然环境和资源的合理消费的体现,它以获得基本需要的满足为标准,而不鼓励对物质资料无止境地占有,并要求人们从根本上改变挥霍性的消费方式。其次,可持续消费要坚持理性消费。理性消费是对欲求性消费、符号消费和一次性消费的纠偏。欲求性消费是为了追求地位上的优越感、满足感以及嫉妒、攀比和炫耀等形成的需求,是超出人的基本需求的消费,不考虑现实生活和必要条件,缺乏经济合理性和社会正当性,其本质是无尽的贪婪③。同时要纠正符号消费营造的消费时尚,提倡理性消费,明确人的满足并不在消费活动中,要为人们提供合理消费的价值尺度,减少人对自然的破坏。再次,可持续消费提倡简约消费。节俭在今天并不过时,提倡节俭,反对奢侈和浪费是循环经济的内在要求。美国学者布朗这样评价节俭对保护环境的意义:"自愿的简化生活,或许比其他任何伦理更能协调个人、社会、经济和环境的各种需求。它是唯物主义空虚性的一种反应。它能解答能源稀缺、生态危机和不断增长的通货膨胀压力所提出的问题。

---

① [美]杜宁.多少算够:消费主义与地球的未来[M].毕聿,译.长春:吉林人民出版社,1997:6.
② [美]伊金斯.生存经济学[M].赵景柱,译.北京:中国科技大学出版社,1991:55.
③ 万俊人.道德之纬[M].北京:人民出版社,2000:89.

社会上相当一部分人实行了自愿的简化生活,可以减轻人与人之间的疏远现象,并可缓和由于争夺稀少资源而产生的国际冲突。"[1]所以,节俭消费是可持续消费的重要特征,能够减少人对自然的占有,重视物品的持续利用,有利于循环经济的发展。最后,可持续消费追求精神消费。日本作家中野孝次指出,人一旦被物质占有欲所控制,就会整天在头脑中计算如何让财富更快、更安全地增值,人便会成为金钱的附庸,对家族亲人会变得形同路人,对社会公益事业更是袖手旁观,绝不会主动关心[2]。人与动物的区别在于人是能思考的动物,这就意味着人对精神生活有所追求。所以,艺术、文艺作品成为生活中的一部分。对精神生活的追求能调节人的精神生活和物质生活的平衡,防止人一味地沉溺于物质享乐,疏远自己的内心世界。精神消费对提高人的思想觉悟、道德修养、心理素质、审美情趣等具有关键性的作用。健康的精神消费将会"丰富人们对生命意义的体悟,深化人们对生存价值的认识,为克服生态危机形成强大的道德支柱和良好的社会心理氛围,促进人的全面发展",而这也是可持续消费的意义所在。

可持续的消费意识要坚持人、社会与自然的整体性。世界并不如同德国哲学家费希特认为的是自我的构造物,在自然哲学的范畴中世界属于自然的构造物。自然,可以如同德国古典哲学家谢林所认识的那样:自然界的一切产物是先验演绎的结果,它是作为客观的吸引力与作为主观的排斥力之间的对立不断解决又不断产生的过程。自然作为永恒的东西是不能被创造的,是独立自为的存在。自然是一个整体的生态系统,它包含了无数的人与宇宙中的无机物和有机物,或者说人类社会成员和自然界的其他种属共同组成了这个整体的生命系

---

① [美]布朗.建设一个持续发展的社会[M].祝友三,等译.上海:科学技术文献出版社,1984:283—284.
② [日]中野孝次.清贫思想[M].邵宇达,译.上海:上海三联书店,1997:166.

统。人、社会与自然在同一时间段落中拥有共时性的关系,又在不同的时间流程中享有历时性的关系。人、社会与自然在这个整体的系统中是相辅相成、不可或缺的。人既不是自然的主人,也不是自然的仆人,而是自然的朋友。人与自然之间的关系是一种友好和谐的关系。一方面,人要保护自然,具有责任,另一方面,人为了维持自身的基本生存,又必须向自然索取。"我们可以说我们有义务尊重一切生命体,因为他们是我们的有生命的'兄弟姐妹'。但是由于这种慈善必须由自身开始,因此,为了尊重'我们'的生命,我们不得不牺牲一些其他的生命:被我们吃掉的动物和植物没有人之生命能光靠吸收矿物质过活,为了治愈我们的疾病而被我们杀死的微生物,为了保护农作物而被我们杀死的害虫,等等。"①自然世界的现实性说明它是一个无限的整体,也是一种客观的存在。自然既可以诠释为资源与环境,也可以看作是由生命与物质组成的。对比自然的存在,人是一种有限的存在。但人作为万物的灵长,人的力量远胜于自然的力量,"自然必定会逐渐进入这样一种状态,即人们可以确有把握地预测和期待自然生命的合乎规律的前进步伐,自然的力量将不可动摇地与那种注定要驾驭自然的力量——人的力量——保持一定的关系。只要这种关系建立起来,自然的合乎目的的发展过程赢得了稳固的基础,人的创作物本身就可能通过其单纯的存在,通过其不依赖于创作者的意图的影响,而又干预自然,把一种提供生机的新原则体现到自然中"②。可持续意识作为一种哲学范式,把人、社会与自然看作一个有机的整体。针对人与自然分离、对立,人高于自然的传统的观念,可持续意识强调人是自然界的产物,自然界是人类社会产生的前提,人和人类社会与自然是不可分割的。人类作为一种生物物种,是属于自然界的,是自然

---

① [西]萨瓦特尔.哲学的邀请[M].林经纬,译.北京:北京大学出版社,2007:132—133.
② [德]费希特.人之生命的使命[M].梁志学,沈真,译.北京:商务印书馆,1982:96.

物的一个特殊形态。正因为人是自然的存在物,所以人类在自然界中展开自己的物质和精神生活,与自然界的另一部分即外在部分——自然进行物质交换,因此,自然—人—社会构成了自然整体内部演化发展的一个完整序列。如果割裂人与自然的内在联系,人类社会就只是人类沙文主义者在虚妄中建构的空中楼阁。

三、当代可持续意识构建的时代诉求

生态危机是人、社会与自然对立引起的人类生态困境,尤其是后工业社会的崛起,资本主义生产方式和资本主义制度造成了自然环境的危机。因此,在构建可持续意识时,就需要把对资本主义的批判与自然哲学联系起来,重建人与自然、社会与自然以及人与社会、人与人之间的和谐关系。因而,将可持续意识提升为一种哲学批判和政治重建具有重要的价值与意义。

(一)全球性环境问题的理性反思

德国诗人海涅说过:"每个时代都有它的重大课题,解决了它就把人类社会向前推进一步。"[①]环境问题自古有之,它并非开始于当今,但到 19 世纪下半叶,在经济增长、人口增加的双重压力下,全球性生态危机日益严重,对人类的生存和发展构成威胁。尤其是 20 世纪中叶出现了一系列的环境问题,使全球性的生态问题进入人们的视野,警示着人类与自然之间的尖锐矛盾,千百年发展而来的人类文明有毁

---

① 余谋昌.创造美好的生态环境[M].北京:中国社会科学出版社,1997:1.

于一旦之虞。人们将可持续问题提上议程,对人与自然的关系这古老而又常新的话题进行了深刻的反思,力图实现人、社会与自然的和谐可持续发展。根据联合国政府间气候变化专门委员会第四次评估报告的预测:到 21 世纪末,地球平均气温将最高可能上升 6.4 摄氏度,海平面将上升 18—59 厘米。但这样的预测较为保守,科学家最新预测的是到 2100 年海平面将上升 1 米左右。海平面上升将导致生活在低洼三角洲地区的数百万居民流离失所,若干个小岛国被淹没。气候变化通过水温、水流方式和水位的改变还会使湖泊、河流和湿地受到影响,导致淡水生态系统的水质、生物生产率和生活环境质量下降。此外,气候变化对人类健康也会产生直接和间接的危害。这样的环境污染并不是单个国家的问题,就性质、范围和影响来说具有广泛性,环境污染从少数工业城市扩展到全球,从发达国家扩展到发展中国家,发展中国家的环境正在受到越来越严重的损害。全球化的发展构成人类当下生存的基本境遇,历史的一体化运动使国际社会形成一个不可分割的有机整体,这就决定了环境危机所造成的灾害不受疆界的限制,成为整个人类共同体的灾害。现在的环境问题已渗透到社会的各个领域,人人都与环境问题相关联,这就极大地增强了人们的环境意识,形成全社会关心环境问题的局面。人们意识到资源、能源、环境、生态都与生活息息相关。没有能源的国家将是一个没有生机的国家;恶化了的生态环境,不仅影响健康,而且使人类失去生存的居所。

当前人类面临全球性的环境问题,主要是人与自然的对立问题。当人们生存的环境影响到了生活的时候,人们的生态意识就会不断提高,公众对环保问题的关注日益增强,并掀起了全球性的生态政治浪潮,可持续理念得到国际社会的共同响应。与此同时,生态科学的发展引起重大变革,使人们对人与自然的认识更加理性,推动了生态哲学的发展。工业革命加速了经济的发展,满足了人们对物质生活的需求。然而,以征服自然为手段获得的成果却改变着社会有机体,人与自然、人与人、人与社会形成对立关系。自 20 世纪 70 年代以来,众多的学者对人类的生存环境问题进行深入的分析,认为人在生态环境的构建中,因欲望的支配和追求利益,借助先进的工具在违背自然规律和法则的情况下肆意开发利用自然,从而造成严重的后果。这一生存危机根源于人的价值观念和生活方式。可持续意识是人在自然环境日益恶化的情况下的智慧之思,要求重新认识人与自然的关系,区别于人与自然分离的传统哲学,是关于人与自然和谐发展的可持续观念。作为一种新的哲学范式,可持续意识把人、社会与自然视为内在联系的有机整体,从而重新认识自然的价值。

(二) 促进当代生态政治运动的发展

20 世纪 60 年代发生于西方发达国家的生态政治运动,唤醒了公众的环境意识,使生态环境问题从社会生活的边缘进入政治的中心。正如联合国的一份环境报告指出的:"从 1960 年代末期以来,环境主义已经成为拥有广泛群众支持、兴趣大大扩充的一个运动。环境运动从仅仅关注自然环境本身,变成关注自然环境与人类状况的相互关系,并开始强调人为环境与自然环境之间以及贫穷与环境退化的关系。"[1]到 20 世纪中后期,生态问题开始成为西方公众最为关切、最具有政治动员意义的主题,人们不断走上街头游行、示威、抗议,要求政府当局采取有力措施治理和控制环境污染,从而爆发了一场新的社会运动——生态运动。1970 年 4 月 22 日,美国发起了首次"地球日"环境保护运动,全国各地有 2 000 万人参加。1972 年,以研究全球问题

---

[1] 联合国环境规划署.公众与环境:1988 年环境状况[R].1988.

和人类困境著称的学术团体——罗马俱乐部发表了一份研究报告《增长的极限》,在世界各地引起巨大反响。到20世纪90年代,形成以大学生、经理、教师和医生等群体组成的政党——绿党。1972年,第一个绿党"新西兰价值党"成立,其后全球绿党势力不断发展壮大,到90年代绿党参政成为一种世界性的现象。生态问题从公众运动发展为政党政治,从公众关注生态问题转为政府与公众共同关注可持续发展问题。澳大利亚著名的绿色分子鲍勃·布朗和彼得·辛格在1996年发表的《绿党》中指出:"绿党是20世纪后期唯一重要的新的政治力量。绿党已经在全世界发挥影响作用。绿党有新的视野和观念,正在作为旧的政治秩序的真正替代物而迅速兴起。"[1]绿党成为一支不可忽视的政治力量。

20世纪90年代生态运动转向生态政治,即从以公众运动为主体发展到以政党政治为主体。在生态运动和绿党的影响与推动下,生态政治理念从政治边缘走向了政治中心,成为西欧国家政党特别是绿党及社会民主党等左翼政党所认同的,具有广泛的影响。绿党的出现最早并没有得到重视,不少政治家断言绿党将是"短寿的",但是,随着绿党的崛起和发展,崭新的生态政治理念不断被更多的公众、民间组织和党派所认同。共产党、社民党等左翼政党也纷纷吸纳绿党的生态政治理念,使生态政治理念进入政治的中心视阈,"绿化"了西方主要的政治意识形态。

由于环境问题的全球性和整体关联性,一个国家无法解决这一问题,因此需要各国开展广泛的国际合作。可持续意识在全球得到认同。1992年"地球高峰会议"——在巴西里约热内卢召开的联合国环境与发展大会,把走可持续发展之路确定为今后各个国家的发展战

---

[1] 肖显静.生态政治:面对环境问题的国家抉择[M].太原:山西科学技术出版社,2003:6.

略,并最终成为人类的共识,为全球环境问题的解决提供了思想基础,共同推动国际社会朝着真正可持续发展的方向迈进。2002年,在南非约翰内斯堡举行的联合国可持续发展世界首脑会议,展示了全球建立新的生态政治秩序的新成果和新希望。可持续发展已成为共识和目标。在可持续发展的战略选择上,不同国家仍在制定合适与可行的环境标准和分担不同的责任上有争论,发达国家与发展中国家彼此有成见,国际合作的积极热情有时会冷却下来,但是,没有人可以否定可持续发展的价值取向,因为它是全人类共同的希望。

(三) 马克思、恩格斯可持续思想在当代的彰显

在关于马克思学说中是否包含生态思想和可持续意识的争论背后隐含着这样一个事实:马克思作为现代思想家,他的思想已经成为人类思想遗产中的一部分,这意味着马克思作为肉体的人尽管已随着时代逝去,但他的思想、理论、学说却有着现代性并且具有一种开放性,在当代,他的学说仍向我们敞开。因此,我们应该立足于当代的包括生态问题在内的重大现实问题,来重新解读马克思、恩格斯的著作,挖掘和拓展由于时代的局限而导致的被遮蔽起来的马克思、恩格斯的思想。

首先,马克思、恩格斯哲学思想与可持续思想的内在关联具有理论同步性,这是马克思、恩格斯可持续思想在当代的价值基础。18世界中叶到19世纪,西方几个主要的资本主义国家完成产业革命,这场革命使纺织、机器制造、冶金、采矿、造船相互联系起来,"把工场手工业变成了现代大工业"①。大工业体系,大工业城市,随处可见的石

---

① 马克思恩格斯选集(第3卷)[M].北京:人民出版社,1995:611.

油、煤炭等黑色能源导致大量的污染,人口在数量和密集程度上的激增,人们在生存活动中排放出的各种污染物,这些工业文明特有的现象综合起来就构成了当时社会环境污染状况的真实景象。生活在19世纪中后叶的马克思、恩格斯,他们亲身感受到工业革命诞生地英国的煤烟公害和泰晤士河的污染状况,给他们以深深的刺痛。在《资本论》中马克思这样写道:"在利用这种排泄物方面,资本主义经济浪费很大;例如,在伦敦,450万人的粪便,就没有什么好的处理方法,只好花很多钱来污染泰晤士的河。"①恩格斯早在1839年的《伍伯河谷来信》中,就开始关注环境污染给工人们的生活、工作环境造成的损害。他写道:"在低矮的房子里劳动,吸进的煤烟和灰尘多于氧气,而且大部分从6岁起就在这样的环境下生活,这就剥夺了他们的全部精力和生活兴趣。"②恩格斯当年曾深入英国工业革命城市曼彻斯特,对当时城市的发展环境和工人的生活和生产进行了深入的调查。他在1845年出版的《英国工人阶级状况》一书的序言写道:"我有机会在二十一个月内从亲身的观察和亲身的交往中直接研究了英国的无产阶级,研究了他们的要求、他们的痛苦和快乐,同时又以必要的可靠的材料补充了自己的观察。这本书里所叙述的,都是我看到的、听到的和读到的。"③恩格斯对当时英国资本主义工业化所引起的多方面的环境污染进行了相当全面的描绘,这些阐释就是马克思最早的可持续意识形成的背景。随后马克思在1868年3月25日给恩格斯的信中提到德国农业家卡尔·弗腊斯的《各个时代的气候和植物界》并得出结论:人类在同自然打交道时,如果不是有意识地加以控制,接踵而来的就是土地的荒芜。因此,马克思、恩格斯在实践层面对人、社会与自然三

---

① [德]马克思.资本论(第3卷)[M].北京:人民出版社,2004:115.
② 马克思恩格斯全集(第2卷)[M].北京:人民出版社,2005:44.
③ 马克思恩格斯全集(第2卷)[M].北京:人民出版社,1957:278.

者关系的理论阐发以及对环境问题的关注,是马克思、恩格斯可持续思想的现实基础。

马克思、恩格斯当时没有概括出可持续思想,但并不代表马克思、恩格斯没有可持续思想,反而他们对人与自然关系的阐释就是可持续思想的表达。例如,马克思、恩格斯关于人类实践活动对自然环境具有建设性和破坏性的正负效应的研究,关于人类实践过程中人化自然及其异化的论述,关于人与自然的辩证关系的讨论,都是对人类生存和发展问题的关注与揭示。在当今社会,马克思、恩格斯的可持续思想为人类解决生存问题提供了化解之路。在马克思、恩格斯看来,可持续问题就是人与自然、人与人之间异化和对立的问题。他们认为造成不可持续性的根源在于人类实践活动中人与自然、人与人之间的异化。因此,要真正解决不可持续问题,就要消除人与自然、人与人之间的异化,推翻资本主义制度,建立实现人的本质复归的共产主义社会。这一思想正是社会主义社会建设的重要目标之一,"建设美丽中国,实现中华民族的永续发展"是马克思、恩格斯可持续思想当代价值的真切反映。所以,实现人、社会与自然的和谐可持续的社会,就要坚持马克思、恩格斯的可持续思想,立足于现实情况,既吸取传统经典中的文化精髓,又要符合社会发展的客观实际,实现人类社会的可持续发展。

(四)思想政治教育引导的现实要求

行动来自观念。要实现人与自然的和谐可持续发展,最重要的是要"治本"。这个"本"就是人们自觉的行为意识。可持续意识的培养可以改变公民的思想观念、行为习惯,促进人、社会与自然实现和谐可持续发展。通过教育,可以使公民认识到环境的重要性,做到自觉保护生态环境、合理开发自然资源、增强保护和治理环境的紧迫感和自觉性,促使可持续意识的形成,使其价值取向和行为有利于保护环境,在社会中,公民能自觉遵守有关生态保护的方针、政策和制度等。因为人一旦形成可持续意识,在生活中就会遵循一定的价值判断。

意识的引导性。作为现代性社会的文明基因,可持续意识是引导人与自然和谐相处的价值理念,它是通过教化与感悟建立起来的。"任何人想要引入某种看似有理的教诲,就不得不从大学开始;若要引入正确的并真正得以阐明的公民原理,这种学说的基础不得不在大学打下。在年轻人掌握了这些东西后,就可以在公私事务上去指导普通人。他们对自己所教化和传播的东西的真实性越是肯定,他们在这样做时就越是朝气蓬勃、充满活力。"①因此,可持续意识是在教化中不断传承的观念,这样的观念,根植于每一个个体的精神意识。

思想政治教育的重要作用在于引导公民,使其具有符合特定时代的政治、经济、文化发展需要的思想政治观念和道德品质,并使之转化为人们内心的信念、品质和情操,形成良好的社会道德风尚。资源短缺、环境污染和生态危机影响到人类的可持续发展,发挥思想政治教育引导功能的呼声越发强烈。卢梭在《爱弥儿》中从人的自然本性出发,认为"要使人的自然本性得以自然发展,必须进行自然的教育";卢梭主张在幼儿时期就应在乡村中实施自然教育,创造一种环境,让学生在实际活动中自觉地学习,"爱弥儿就是通过在散步中看日出日落、在晚间看星星月亮来学习天体知识,由实验学习物理,由旅行来学习地理方位的"②。所以,思想政治教育理应包含可持续意识的培育,这是时代赋予思想政治教育的全新课题,也是当代道德教育的重要任务。思想政治教育可以发挥引导功能,并结合现实的问题,对人类社会可持续发展作出应有的贡献。因而,思想政治教育的内容要符合当

---

① [英]霍布斯.论公民[M].应星,冯克利,译.贵阳:贵州人民出版社,2003:137.
② 单中惠,杨汉麟.西方教育学[M].南昌:江西人民出版社,2004:138.

代社会发展的内在需要，更要立足于现实问题，对青年一代开展教育引导活动。学生是国家和民族未来的建设者和接班人，他们具有什么样的价值观，不仅影响自身的发展，而且也影响着国家和民族的命运。思想政治教育应结合学生的特点，帮助学生在生活中了解生态环保的价值，培养他们对自然和地球的道德责任感，使他们热爱自然、美化自然、珍惜自然资源，具有一种与环境承受力相适应的生产方式和生活方式，这是思想政治教育发挥现实作用的意义所在。

当代可持续意识构建研究

第二章
马克思主义的可持续理论

马克思主义的可持续理论围绕人、社会与自然的和谐统一形成了丰富的理论。马克思主义经典著作对可持续性做了深切关注。

一、马克思的可持续理论

马克思虽然没有直接提出"可持续"这一术语,但马克思在《1844年经济学哲学手稿》中闪现着可持续的思想。他指出:"劳动本身,不仅在目前的条件下,而且一般只要它的目的仅仅在于增加财富,它就是有害的、造孽的。"①马克思认为不考虑可持续发展的劳动是有害的,反对脱离自然环境的可持续发展来谈论劳动和生产力。在《资本论》中,他认为:"从一个较高级的经济的社会形态的角度来看,个别人对土地的私有权,和一个人对另一个人的私有权一样,是十分荒谬的。甚至整个社会、一个民族,以至一切同时存在的社会加在一起,都不是土地的所有者。他们只是土地的占有者,土地的受益者,并且他们应当作为好家长把经过改良的土地传给后代。"②这一思想揭示出这样的道理:人不是自然的所有者,自然不是人的奴仆。人类为了自己的生存占有和利用自然,就要善待和养护它,在得到生活资料的同时也要再生产自然界,使自然得以持续发展,以便子孙后代能够永续利用。在这里,马克思的可持续思想已经清晰地表达出来,可见马克思是提出可持续思想的先行者。

---

① 马克思恩格斯全集(第42卷)[M].北京:人民出版社,1979:55.
② [德]马克思.资本论[M].北京:人民出版社,2009:878.

（一）自然界是人类生存的基础

人、社会与自然是有机统一体的思想最早来源于古希腊的有机论自然观。哲学家泰勒斯是开创自然主义运动的第一人,提出了"水是万物的始基"的伟大思想。亚里士多德的自然目的论认为宇宙是一个有机统一的整体,它的所有运动都具有一定内在目的。古希腊的自然哲学虽然具有人与自然一体的"人神合一"的神话特点,但是从整体上具有原始而朴素的有机论自然观。儒家"天人合德"、道家"人合于天地"的思想都表达了对自然万物纯粹的、无功利的审美情感体验,表达了对自然生命的崇敬与赞美。老子的"人法地、地法天、天法道、道法自然"道出了人与自然浑然一体的基本原则。这些都代表了中国古代的有机论自然观。这些自然观在人类对自然的认识上具有自身的缺陷。马克思从唯物主义的立场把握了人与自然的辩证统一关系。正如施密特所言:"把马克思的自然概念从一开始同其他种种自然观区别开来的东西,是马克思自然概念的社会—历史性质。"[1]社会历史性是马克思对人与自然理论的基本解释原则,静态地看,其根本点在于从自然与人类社会的不可分割性来把握人与自然的统一性。因此,在马克思关于人与自然关系的全部论述中,不仅人与自然是统一、不可分割的,而且社会与自然也是统一、不可分割的。只有在社会关系中才会发生人与自然的关系。人与自然的统一性内在地包含了人与自然的关系和人与人的关系的相互制约性,是人与自然的关系和人与人的关系的共时性同构,人与人的社会关系一开始就存在于物质资料的生产实践过程中,它渗透于古往今来一切的人类活动中。

---

[1] [德]施密特.马克思的自然概念[M].欧力同,吴仲昉,译.北京:商务印书馆,1998:2.

第二章　马克思主义的可持续理论

马克思在《1844年经济学哲学手稿》中强调指出:"首先应当避免重新把'社会'当作抽象的东西同个人对立起来。个人是社会存在物。"①在马克思的视野里,社会关系是由现实的人结成的。一方面人的全部生存、享受、发展的活动都是社会的,而人对自然的利用是通过人作为社会有机体的存在对自然界的改变和占有;另一方面现实的自然界作为人自身的自然与身外的自然的统一体,是在人类社会物质实践中形成的。"社会是人同自然界的完成了的本质的统一,是自然界的真正复活。"②在马克思看来,人与自然是相互依赖的有机整体,两者的相互联系在本质上具有统一性,而马克思用"人化自然"和"物质变化断裂"等概念分析资本主义生产下人、社会与自然出现的问题,认为这是由不合理的社会制度造成的后果,只有变革社会制度,建立共产主义社会才能真正解决人与自然的和谐统一,实现人的全面发展。

1."人是自然存在物"

马克思曾在他的博士论文《德谟克里特的自然哲学与伊壁鸠鲁自然哲学的差别》中最早说明人的自然属性。"要使人作为人成为他自己的唯一实际的客体,那么他必须在他自身内打破他的相对的存在、欲望的力量和单纯自然的力量。"③在他看来人自身作为自然,始终存在着一种内在的力量,也就是自为的存在物,因而是类的存在物。所以,人必须既在自己的存在中也在自己的知识中确证并表现自己。这是马克思关于人是自然存在物最早的观点。马克思认为在现实的世界中,"人双重地存在着:主观上作为他自身而存在着,客观上又存在于自己生存的这些自然无机条件之中"④。人的客观存在表明人直接

---

① 马克思恩格斯全集(第42卷)[M].北京:人民出版社,1979:122.
② 马克思恩格斯全集(第42卷)[M].北京:人民出版社,1979:122—123.
③ [德]马克思.德谟克里特的自然哲学与伊壁鸠鲁自然哲学的差别[M].北京:人民出版社,1961:23.
④ 马克思恩格斯全集(第46卷)[M].北京:人民出版社,1979:491.

是自然存在物。

马克思在《1844年经济学哲学手稿》中指出:"人作为自然存在物,而且作为有生命的存在物。一方面具有自然力、生命力,是能动的自然存在物;这些力量作为天赋和才能,作为欲望存在于人身上;另一方面,人作为自然的、肉体的、感性的、对象性的存在物,和动植物一样,是受动的、受制约的和受限制的存在物……"①恩格斯有过类似的表述:"我们连同我们的肉、血和头脑都是属于自然界和存在于自然之中的。"②马克思认为人类绝不是作为绝对主体处于自然之外或者自然之上的,而是作为自然界的一部分处于自然之中。"人同自然的关系直接就是人与人之间的关系,而人与人之间的关系直接就是人同自然的关系,就是他自己的自然的规定。"③他提出的"人是自然存在物"确立了人与自然的不可分割性,人与人形成的社会与自然也必须具有统一性。因而,社会与自然之间是相互联系而不可分割的整体。

2."自然界是人的无机身体"

马克思指出:"自然界,就它本身不是人的身体而言,是人的无机的身体。人靠自然界生活。这就是说,自然界是人为了不致死亡而必须与之不断交往的、人的身体。所谓人的肉体生活和精神生活同自然界相联系,也就等于说自然界同自身相联系,因为人是自然界的一部分。"④他认为自然界不仅仅体现在人本身就是自然存在物,更重要的是体现在自然是人的外部环境和人类活动的要素。在《1844年经济学哲学手稿》中,马克思把自然界看作"感性的外部世界",认为它给人提供生存的生活资料和进行劳动的生产资料。离开这种"感性的外部世界",人的物质生产活动便无法进行,人的生命之延续也无法实

---

① 马克思恩格斯全集(第42卷)[M].北京:人民出版社,1979:167.
② 马克思恩格斯全集(第20卷)[M].北京:人民出版社,1957:382.
③ 马克思恩格斯全集(第42卷)[M].北京:人民出版社,1979:119.
④ 马克思恩格斯全集(第1卷)[M].北京:人民出版社,1979:45.

现。在论述外部环境对人的影响时,马克思始终把自然界当作人的外部环境,从而确定自然界对人有制约作用。"人在肉体上只有靠这些自然产品才能生活,不管这些产品是以食物、燃料、衣着的形式还是以住房等等的形式表现出来。"①自然是人类生产活动的要素,已成为人类生产、劳动过程的一个构成要素。正如施密特说:"自然之所以引起马克思的关切,比什么都重要的是它首先是人类实践的要素。"②

在马克思看来,"任何人类历史的第一个前提无疑是有生命的个人的存在。因此第一个需要确定的具体事实就是这些个人的肉体组织,以及肉体组织制约的他们与自然界的关系"③。他认为人们自身生理特性以及各种自然条件——如地质、地理、气候以及人们遇到的其他条件,不仅制约着"人们最初的、自然产生的肉体组织,特别是他们之间的种族差别,而且直到如今还制约着肉体组织的整个进一步发达或不发达"④。马克思指出任何历史记载都应该从人所需要的自然基础以及在历史进程中由于人类的活动而发生的改变出发。"这些个人所产生的观念,是关于他们同自然界的关系,或者是关于他们之间的关系,或者是关于他们自己的肉体组织的观念。"⑤"思维本身的要素,思想的生命表现的要素,即语言,是感性的自然界。"⑥所以现实的个人的存在,总是受到一定物质以及独立于人的界限、前提和条件的制约。这不仅表现在肉体上,更表现在观念上。马克思认为人的劳动是一种自然力。"我们把劳动力或劳动能力,理解为人的身体即活的人体中存在的,每当人生产某种使用价值时就运用的体力和智力的

---

① 马克思恩格斯选集(第1卷)[M].北京:人民出版社,1995:45.
② [德]施密特.马克思的自然概念[M].欧力同,吴仲昉,译.北京:商务印书馆,1988:20.
③ 马克思恩格斯列宁斯大林论历史科学[M].北京:人民出版社,1980:1.
④ 马克思恩格斯全集(第3卷)[M].北京:人民出版社,1960:23.
⑤ 马克思恩格斯全集(第3卷)[M].北京:人民出版社,1960:29.
⑥ 马克思恩格斯全集(第42卷)[M].北京:人民出版社,1979:129.

总和。"①有用劳动是不以一切社会形式为转移的人类生存条件,是人类生活得以实现的永恒必然性。马克思认为人的活动即是一种自然的活动,所以,"人在生产中只能像自然本身那样发挥作用,也就是说,只能改变物质的形态"②。

所以,马克思认为人作为一种自然存在物,从肉体、观念到劳动都是属于自然的。"人本身是自然界的产物,是在自己所在的环境中并且和这个环境一起发展起来的"③。从这层关系上看,"人同自然的关系直接就是人和人之间的关系,而人和人之间的关系直接就是人同自然的关系,就是他自己的自然的规定"④。马克思认为的人的自然不同于古希腊自然主义的人的自然,那能动的充满生命力的所谓的天赋和才能已化作欲望存在于人作为自然的整体生活状态之中,而这种力量不是懵懂无知的,它已处于一种清醒的状态,蠢蠢欲动。这种力量一旦通过人的劳动达到现实化,自然人化的历史便也开始了。

马克思的"人是自然存在物"和"自然界是人的无机身体"的观点,阐释了社会与自然、人与自然相互联系而不可分割的关系,解释了"社会是人同自然完成了的本质的统一"。因而,马克思从唯物主义角度阐释出人、社会与自然之间的关系,把人与自然的关系放在人类历史的领域以及人、社会与自然是有机整体中进行考察,全面阐释人、社会与自然的和谐统一的重要性。

(二) 人、社会与自然的和谐统一

马克思认为"社会是人同自然完成了的本质的统一",通过"人化

---

① 马克思恩格斯全集(第23卷)[M].北京:人民出版社,1979:190.
② 马克思恩格斯全集(第23卷)[M].北京:人民出版社,1979:57.
③ 马克思恩格斯全集(第3卷)[M].北京:人民出版社,1995:375.
④ 马克思恩格斯全集(第42卷)[M].北京:人民出版社,1979:179.

自然""劳动异化"和"新陈代谢断裂"等概念,阐释了资本主义制度下人与自然、社会与自然的对立矛盾,同时认为是不合理的社会制度以及生产方式造成人、社会与自然的非有机整体性,有必要通过变革生产方式和社会制度来建立共产主义社会,使其"在人们面前表现为人与自然之间和人与自然之间极明白而合理的关系"①,物质生产过程才能"作为自由结合的人的产物,处于人的有意识、有计划的控制之下"②。因而,只有在共产主义社会,人与自然之间合理的协调的物质变换关系,才既是人与自然的生态关系高度发展的表现,又是人与人的社会关系高度发展的表现。

1."自然主义等于人道主义"

马克思在《1844年经济学哲学手稿》中指出:"这种共产主义社会,作为完成了的自然主义,等于人道主义,而作为完成了的人道主义,等于自然主义,它是人和自然之间、人和人之间的矛盾的真正解决。"③这样的理想社会"是自然界的真正的复活,是人的实现了的自然主义和自然界的实现了的人道主义"④。在马克思看来,首先要真正解决人与自然之间、人与人之间的矛盾,既不能用单纯的人道主义,也不能用纯粹的自然主义,而是必须超越人道主义和自然主义,把人道主义和自然主义有机结合起来,使人道主义升华为一种自然人道主义,使自然主义上升为一种人道自然主义,才能实现人与自然、社会与自然的有机统一,从而消解近代人类中心主义与自然主义的对立。其次,只有在共产主义条件下,才可既能合理地调节人际关系,又能合理地调节人与自然的关系。人与人、人与自然的矛盾才能真正解决,只有真正消除了人与自然、人与人的异化关系,人与自然之间的和谐统

---

① 马克思恩格斯全集(第23卷)[M].北京:人民出版社,1972:96.
② 马克思恩格斯全集(第23卷)[M].北京:人民出版社,1972:96—97.
③ 马克思恩格斯全集(第42卷)[M].北京:人民出版社,1979:120.
④ 马克思恩格斯全集(第42卷)[M].北京:人民出版社,1979:120.

一关系才能确立。

2."自由人的联合体"

马克思认为:"人和自然界之间、人与人之间的矛盾的真正解决,是存在和本质、对象化和自我确证、自由和必然、个体和类之间斗争的真正解决。"①寻求共产主义,蕴含着一份对人的终极目标的追求,并且把这种终极目标从有神的宗教领域转移到属人的现实生活中,成为历史洪流中的价值标杆。因此,马克思认为人类社会要持续发展就要变革社会制度,把人与自然的关系的处理与人和人的关系的处理联合起来,即"社会化的人,联合起来的生产者,将合理地调节他们和自然之间的物质变换,把它置于他们的共同控制之下,而不让它作为盲目的力量来统治自己;靠消耗最小的力量,在最无愧于和最适合于他们的人类本性的条件下来进行这种物质变换"②。在共产主义社会,人们不仅合理调整人与人之间的关系,而且也会合理地调整人与自然之间的关系,使社会发展同自然达到协调状态,人们能够成为自然界的自觉的和真正的主人,从必然王国进入自然王国,实现人、社会与自然的和谐统一。马克思把大量的精力投入有关生存、解放等关于人类的课题,把关于一种宇宙层面的责任转交给自然科学。马克思也在人类与自然之间培育出一种人类应该爱护自然的情感,并在世俗的社会中寻找人与自然、人与人的关系异化的根源以及解决良方。

---

① [德] 马克思.1844 年经济学哲学手稿[M].北京:人民出版社,1985:77.
② 马克思恩格斯全集(第 25 卷)[M].北京:人民出版社,1974:926—927.

二、列宁的可持续思想

列宁是伟大的无产阶级革命家和坚定的马克思主义者,是马克思和恩格斯事业和学说的继承者。当然由于特殊的历史条件,他把关注的焦点放在马克思主义关于革命的理论上,并以马克思主义为指导领导俄国人民取得了十月革命的胜利。列宁在领导俄国社会主义建设中,没有来得及给我们留下多少关于人与自然关系的论述,但并不代表他不重视人与自然的关系问题。

(一)尊重自然

19世纪末20世纪初,俄国某些资产阶级经济学家为了贬低马克思的劳动价值论,认为人类农业生产的进步是用人的劳动代替自然力量,不是人借助机器进行工作。针对这一错误的观点,列宁认为无论在工业或农业中,人只能在认识到自然力的作用以后利用这种力量,并借助机器和工具等以减少利用自然力时的困难。贬低自然力的作用,会忽视自然的因素,从而忽视自然规律。所以人应该正确地面对自然,友好地处理与自然的关系。在苏维埃建立之初,列宁关注草原造林计划,1925年颁布的《苏联矿法》就明确规定在开采矿藏的过程中要保护自然环境,其中特别强调的是自然资源一旦遭到破坏就很难恢复,所以涉及环境问题要小心谨慎,避免差错,凸显了法规制定者强烈的环境保护意识。

(二) 资源的循环利用

在列宁的时代,人造肥料已应用于农业生产中。由于广泛使用人造肥料,原来施用于农田的天然肥料被排泄到河中,这既造成了资源浪费,也污染了环境。列宁指出:"十分明显,人造肥料代替天然肥料的可能性以及这种代替(部分地)的事实,丝毫也推翻不了下述事实:把天然肥料白白抛掉,同时又污染市郊和工厂区的河流和空气,这是很不合理的。"[1]在对未来的预测中,列宁把废弃物的处理、资源的循环利用,当作消灭城乡对立的一个目标。他从循环利用资源以消灭城乡对立的角度阐述了环境保护的重要意义。列宁是最早倡导绿色农业的思想家之一,也是最早倡导循环经济的思想家之一。

(三) 资本主义生产方式对自然的破坏

列宁同马克思一样,都认为资本主义生产方式对于人类自然环境的破坏负有主要责任。因为资本主义生产方式造成了城乡的环境污染。他指出:"在大城市中,用恩格斯的话来说,人们都在自己的粪便臭味中喘息,所有的人,只要有可能,都要定期跑出城市,呼吸一口新鲜的空气,喝一口清洁的水。"[2]在乡村,城市的排泄物污染了河流和空气,危害着居民的健康。资本主义生产方式还使工人的生存环境恶

---

[1] 列宁全集(第5卷)[M].北京:人民出版社,1986:133.
[2] 列宁全集(第5卷)[M].北京:人民出版社,1986:133.

化。列宁认为工业污染,生活环境脏乱和身体健康遭到损害不是自然条件造成的,而是资本家对工人的剥削造成的。列宁还批判了垄断资本主义为了追求超额利润对殖民地原料的破坏性掠夺。

三、中国特色的可持续理论

中国对可持续思想的继承与发展一以贯之,尤其是习近平在党的十九大报告中提出的新时代生态文明建设思想,形成了中国特色的可持续发展理论体系。

(一)协调人、自然与经济发展

1. 人、自然与经济协调发展

毛泽东指出:"对于建设社会主义的规律的认识,必须有一个过程。必须从实践出发,从没有经验到有经验,从有较少的经验,到有较多的经验,从建设社会主义这个未被认识的必然王国,到逐步地克服盲目性、认识客观规律、从而获得自由,在认识上出现一个飞跃,到达自由王国。"[①]他认为人类在实践中不断地积累经验,逐步提高认识和改造客观世界的能力,克服盲目性,从而有效地改造社会和自然以获得自由。人受制于自然,又要充分发挥主观能动性反作用于自然,这是毛泽东关于人与自然关系的基本看法。在阅读蔡元培译的《伦理学

---

① 毛泽东文集(第8卷)[M].北京:人民出版社,1999:300.

原理》一书时,毛泽东写道:"吾人虽为自然所规定,而亦即为自然之一部分。故自然有规定吾人之力,吾人亦有规定自然之力;吾人之力虽微,而不能谓其无影响(于)自然。"①这一论述体现了人是自然的一部分,人的实践活动受自然规律的限制;同时人类的力量虽弱小,但仍可以发挥主观能动性对自然界进行改造。"一切事情是要人做的","做就必须先有人根据客观事实,引出思想、道理、意见,提出计划、方针、政策、战略、战术,方能做得好。思想等等是主观的东西,做或行动是主观见之于客观的东西,都是人类特殊的能动性。这种能动性,我们名之曰'自觉的能动性',是人之所以区别于物的特点"②。科学技术是人类改造自然、获得自由的一种武器。毛泽东认为:"自然科学是人们争取自由的一种武装……人们为着要在自然界里得到自由,就要用自然科学来了解自然,克服自然和改造自然,从自然里得到自由。"他还强调说:"我们不能走世界各国技术发展的老路,跟在别人后面一步一步地爬行。我们必须打破常规,尽量采取先进技术,在一个不太长的历史时期内,把我国建设成为一个社会主义的现代化的强国。"③

党的十一届三中全会以后,邓小平认为发展经济的同时要"讲求经济效益和总的社会效益"。这实际上是利用科学的长远规划来协调经济发展与人口、环境的关系,通过控制人口来使人口增长与经济发展、生态环境相协调。在协调经济发展与生态环境的同时,邓小平也注重正确处理人口增长与经济发展、生态环境的关系。我国作为世界第一人口大国,人口问题始终是一个沉重的负担,严重制约着经济与社会的发展。同时人口数量的不断增长,对资源的需求不断增多,从而使人类生活需求的无限性与自然生态承受力的有限性的矛盾越来

---

① 毛泽东早期文稿[M].长沙:湖南人民出版社,1990:272.
② 毛泽东选集(第2卷)[M].北京:人民出版社,1991:477.
③ 毛泽东文集(第8卷)[M].北京:人民出版社,1999:341.

越突出。实行计划生育,有计划地控制人口增长意义重大。早在1953年第一次人口普查后,邓小平就提出节制生育的主张。他认为人多是中国最大的难题,"人多有好的一面,也有不利的一面。在生产还不够发展的条件下,吃饭、教育和就业就都成为严重的问题"①。

进入21世纪,中国特色社会主义现代化建设进入了一个新的阶段,面临新的发展目标和任务。同时我国社会存在的种种矛盾和问题成为发展进程中的桎梏,迫切需要解决。2005年2月,胡锦涛在省部级主要领导干部提高构建社会主义和谐社会能力专题研讨班上的讲话中指出:"我们所要建设的社会主义和谐社会,应该是民主法治、公平正义、诚信友爱、充满活力、安定有序、人与自然和谐相处的社会。"社会主义和谐社会在人与自然关系上是人与自然和谐相处,而社会的和谐发展也离不开良好的自然环境。目前无论是在国际上还是在国内,都存在着严重的生态危机,人类在重视自身发展时却忽视了生态环境的建设,造成生态环境的恶化,反过来又阻碍了人类社会的发展。构建社会主义和谐社会目标的提出,为我们改善人与自然的关系,促进两者的和谐发展指明了方向,也提出了更高的要求。构建社会主义和谐社会要求我们必须学会保护环境、合理开发和利用自然,在维护自身利益的同时维护生态系统的平衡,确保生态系统与社会系统的协调发展。在人类与自然之间建立一种和谐的关系,必须正确地认识自然,合理地改造自然,充分地利用自然,有效地保护自然,走人与自然和谐发展之路,这是重新审视人与自然关系的理性选择。

2. 植树造林,发展林业

"绿化祖国,建设美好家园"是毛泽东时期就有的理想,即使在残酷的战争年代,毛泽东也是不忘这一理想的。1928年,毛泽东在江西

---

① 邓小平文选(1975—1982)[M].北京:人民出版社,1983:150.

永安倡导百姓造林。中华人民共和国成立之初,毛泽东就向全党提出了消灭荒山、实行绿化的任务,并制定了明确的时间表,"在十二年内,基本上消灭荒山荒地,在一切宅旁、村旁、路旁、水旁,以及荒地上、荒山上,即在一切可能的地方,均要按规格种起树来,实行绿化"①。在中华人民共和国成立起初的几年里,毛泽东把绿化工作当作修复生态和改善环境的一个重点。1956 年,毛泽东在《中共中央致五省(自治区)青年造林大会的贺电》中向全国人民发出"绿化祖国"的号召后,紧接着提出了"实行大地园林化"的任务。1958 年春,毛泽东路过重庆云阳县时指示要在荒山上栽树。毛泽东的指示极大鼓舞了当地干部群众的造林热情,几十年过去了,而今的云阳长江两岸 8 万亩防护林郁郁葱葱,为三峡库区构筑了一道绿色屏障,成为维护库区水环境的重要支撑,为三峡库区乃至长江带来了巨大的生态防护。

3. 依靠科学,保护环境

邓小平强调科学技术在环境保护方面的作用。1988 年 9 月 5 日,邓小平在会见捷克斯洛伐克总统胡萨克时指出:"马克思说过,科学技术是生产力,事实证明这话讲得很对。依我看,科学技术是第一生产力。"②科学技术的进步,能够扩大自然资源可供范围和可供量,提高资源利用效率,降低能耗,降低排污量,提供有效的控制污染技术。邓小平进一步指出:"提高农作物单产,发展多种经营,改革耕作栽培方法,解决农村能源、保护生态环境等等,都要靠科学。"③邓小平指出要发展教育,使教育事业同国民经济发展的要求相适应。教育事业不但要依据当前生产建设发展的要求,而且必须充分估计到现代科学技术的发展趋势。改革开放新时期我国教育工作的指导方针是"教育要面

---

① 中共中央文献研究室,国家林业局.毛泽东论林业(新编本)[M].北京:中央文献出版社,2003:26.
② 邓小平文选(第 3 卷)[M].北京:人民出版社,1993:274.
③ 邓小平年谱(1975—1997)下[M].北京:中央文献出版社,2004:882.

向现代化,面向世界,面向未来"。教育要面向现代化,就是要为我国社会主义现代化建设服务。在进行社会主义现代化建设时,邓小平主张坚持物质文明和精神文明建设"两手抓",教育全国人民做到有理想、有道德、有文化、有纪律。其中就包含可持续思想教育,提高全民的生态意识、环境意识和参与环保的积极性,增强全民的人文价值意识,从而有效地保护改革开放后我国的生态环境。教育要面向世界,就是要吸收借鉴世界各国先进的文明成果,其中包括科学技术知识和环境保护、可持续发展的经验,提高我国环保能力和可持续发展水平。教育要面向未来,就是要以长远的、历史的战略眼光办好当前的教育。1985年5月19日,邓小平在改革开放以来的第一次全国教育工作会议闭幕式上指出:"我们国家,国力的强弱,经济发展后劲的大小,越来越取决于劳动者的素质,取决于知识分子的数量和质量。……教育搞上去了,人才资源的巨大优势是任何国家比不了的。"[1]要充分发挥我国的人才优势,广泛发展科学研究,认识自然规律和经济规律,掌握并运用环境科学技术促进我国环保事业的发展。因此,邓小平把发展教育同提高科学技术水平并举,提高全民素质,协调生态环境与经济社会的共同发展,最终是要实现人们在和谐优美的生态环境中全面发展。

(二)环境保护要走法制化道路

在环境保护工作中,相关的法律法规发挥着十分重要的作用。邓小平多次强调要制定一些法律来确保环保工作的开展。1978年修订的《中华人民共和国宪法》中规定:"国家保护环境和自然资源,防治

---

[1] 邓小平文选(第3卷)[M].北京:人民出版社,1993:120.

污染和其他公害",把环境保护上升到宪法的地位,为我国环境保护工作和进一步构建环境保护法律体系奠定了基础。同年,邓小平在主持中央工作时提出:"应该集中力量制定刑法、民法、诉讼法和其他各种必要的法律,例如工厂法、人民公社法、森林法、草原法、环境保护法、劳动法、外国人投资法等等,经过一定的民主程序讨论通过,并且加强检察机关和司法机关,做到有法可依,有法必依,执法必严,违法必究。"1979年,五届人大常委会第十一次会议颁布的《中华人民共和国环境保护法(试行)》,标志着我国环境保护工作进入了法治阶段,也标志着我国环境法律体系开始建立。为了解决经济发展与环境保护速度严重失调的问题,1981年2月24日国务院颁布了《关于在国民经济调整时期加强环境保护工作的决定》,这是一个关于环境保护的综合性法规。这个决定的主要内容有:严格防止新污染的发展;抓紧解决突出的环境问题;制止对自然环境的破坏,特别是水土资源和森林资源的破坏;搞好首都北京和杭州、苏州、桂林的环境保护;加强国家对环境保护的计划指导;加强环境监测、科研和人才培养;加强环境保护工作的领导等。1980年以后我国的环境立法工作发展迅速,环境立法成为我国法制建设中最为活跃的一个领域。到1993年,全国人大常委会已颁布十几部环境和资源保护法律,主要有:《中华人民共和国环境保护法》(1979年制定,1989年修改)、《中华人民共和国海洋环境保护法》(1982年)、《中华人民共和国水污染防治法》(1984年)、《中华人民共和国森林法》(1984年)、《中华人民共和国草原法》(1985年)、《中华人民共和国大气污染防治法》(1987年)、《中华人民共和国水土保持法》(1991年)等。同时,国务院颁布实施了20多项行政法规,如《中华人民共和国防止船舶污染海域管理条例》(1982年)、《中华人民共和国海洋石油勘探开发环境保护管理条例》(1983年)、《中华人民共和国海洋倾废管理条例》(1985年)、《水土保持工作条例》(1982年)等。此外,还设置了环境保护机构。1978年,我国成立了设在国家建委之下的国务院环境保护领导小组办公室,1982年调整为城乡建设环境保护部下属的环境保护局,1984年改名为隶属于建设部下的国家环保局,1987年改为独立的国家环境保护局,成为直属国务院管理的副部级单位,这就为环境管理与环境执法提供了重要的组织保障。从法律的产生到专门机构的成立,反映了国家在资源、环境和人类协调发展上有了新的举措,同时也标志着我国环境保护与建设走上了法治化的道路。由此,环境管理和保护也由过去的一般性管理、定性管理向具体措施管理、定量管理迈进。相关的法律法规已具一定规模,对防治环境污染、保护自然资源起到了非常重要的作用。

(三) 实施可持续发展战略

可持续发展是以控制人口增长、节约资源、保护环境为重要方向的。其目的是使经济发展同人口增长、资源利用、环境保护相适应,使资源环境的承载能力与经济社会的发展相协调。改革开放以后我国的工业化进入了一个新的历史时期。由于技术的落后和产业基础的薄弱,在实现工业化的方式上主要采取了粗放式的经济增长方式。这种粗放式的发展道路,造成了资源的极大浪费和严重的环境问题,严重影响了人民的生活质量和经济社会的可持续健康发展。1996年3月,八届人大第四次会议通过了《中华人民共和国国民经济和社会发展"九五"计划和2010年远景目标纲要》,把实现经济与社会的协调和可持续发展作为其后15年我国经济社会发展的重要方针之一,并明确把实施可持续发展、推进社会事业全面发展作为战略目标,使可持续发展战略在我国经济社会发展过程中得以确立。同年7月,江泽民在第四次全国环境保护会议上指出:"环境保护很重要,是关系我国长远发展的全局性战略问题。在社会主义现代化建设中,必须把贯彻实施可持续发展战略始终作为一件大事来抓。可持续发展的思想最早源于环境保护,现在已成为世界许多国家指导经济社会发展的总体战略。"十五大报告进一步提出:"我国是人口众多、资源相对不足的国家,在现代化建设中必须实施可持续发展战略。"自此,可持续发展战略成为我国经济社会发展的重要战略之一。江泽民指出:"经济发展,必须与人口、环境、资源统筹考虑,不仅要安排好当前的发展,还要为子孙后代着想,为未来的发展创造更好的条件,决不能走浪费资源和先污染后治理的路子,更不能吃祖宗饭、断子孙路。"可持续发展的战略思想把环境保护放到更加突出的地位,要求人们注重环境保护,改变旧有的生产方式和消费方式,改变旧有的对资源和环境的错误观念,从而实现经济社会的永续发展。

(四) 科学发展观

党的十六大以来随着工业化和城镇化进程的加快,我国经济社会发展对能源资源的需求迅速增加,生态环境的压力也越来越大。传统发展观忽视人与自然、经济社会健康持续发展的基础,割裂了经济增长与社会、生态、人的全面发展之间的有机联系,破坏了生态系统和社会发展系统的有机性与整体性。随着经济社会的发展,人们逐渐意识到这种单纯重视经济发展、重视 GDP 增长而忽视生态系统本身的局限性。传统发展观所引起的生态破坏日益严重,给人们带来巨大的灾难,因此有必要转变我们的发展观。20 世纪 90 年代初,党中央制定并实施可持续发展战略,越来越重视经济发展与资源、环境和人口的协调问题,越来越重视人与自然的和谐发展。"十五"规划进一步提出"以人为本"的思想。但是一些地方在实践中还是把经济增长特别是

GDP 增长作为发展的核心,客观上对社会发展和人的发展重视不够。在新的历史条件下,以胡锦涛同志为总书记的党中央认真研究我国发展中的重大问题,根据新的形势和任务特别是总结了抗击"非典"斗争得到的重要启示,在十六届三中全会上提出了"坚持以人为本,树立全面、协调、可持续的发展观,促进经济社会和人的全面发展"。科学发展观是对马克思主义自然观的继承和发展,为我们正确认识和处理人与自然的关系提供了强大的思想武器。"坚持以人为本,就是要以实现人的全面发展为目标,从人民群众的根本利益出发谋发展、促发展,不断满足人民群众日益增长的物质文化需要,切实保障人民群众的经济、政治和文化权益,让发展的成果惠及全体人民。全面发展,就是要以经济建设为中心,全面推进经济建设、政治建设、文化建设和社会建设,实现经济发展和社会全面进步。协调发展,就是要统筹城乡发展、统筹区域发展、统筹经济社会发展、统筹人与自然和谐发展、统筹国内发展和对外开放,推进生产力和生产关系、经济基础和上层建筑相协调,推进经济建设、政治建设、文化建设、生态文明建设的各个环节、各方面相协调。可持续发展,就是要促进人与自然的和谐,实现经济发展和人口、资源、环境相协调,坚持走生产发展、生活富裕、生态良好的文明发展道路,保证一代接一代地永续发展。"

(五)建设生态文明,实现美丽中国

1. 建设生态文明

党的十七大将"生态文明"确立为一项重大战略任务。面对严峻的资源、环境形势,提出了建设资源节约型、环境友好型社会。这是我国保持永续发展的必然选择,也是我们对人类生存发展应负的庄严责任,在生产方式上要改变高投入、高消耗、高排放、低效率的粗放型的

第二章　马克思主义的可持续理论

生产方式；在生活方式上要改变传统的消费模式，提倡绿色消费，节约粮食，节约用水，节俭能源。要减少物质消费，批判消费主义，把对生活质量的追求更多转向精神生活。党的十八大报告把"生态文明"提升到与经济建设、政治建设、文化建设、社会建设同等重要的地位，构成中国特色社会主义事业"五位一体"的总体布局。生态文明的本质特征是人与自然和谐共生。在全面建设小康社会的新阶段，人民物质生活不断丰富、生态质量明显改善、城乡居住环境更加美化、人与自然关系更加和谐成为人们对未来生活的新期待。为了满足人们的新期盼，就必须坚持走可持续发展的文明发展道路，使人民在良好的环境中生活。党的十八大指出，要树立尊重自然、顺应自然和保护自然的生态文明理念，从源头上扭转生态恶化的趋势，给自然留下更多修复空间，给农业留下更多良田，给子孙后代留下天蓝、地绿、水净的美好家园的愿望。

党的十八大以来，习近平总书记从全局的高度对生态文明建设和生态环境保护提出了一系列新思想新论断新要求，为努力建设美丽中国，实现中华民族永续发展，走向社会主义生态文明新时代，指明了前进方向和实现路径。习近平总书记关于生态文明的论述综合起来主要体现为以下几个方面："一是弘扬生态文化，增强生态意识。生态文化是人与自然和谐共存、协同发展的文化，是融合古今中外文明成果与时代精神、促进人与自然和谐共存的重要文化载体，是推进生态文明建设不可或缺的重要力量。公民生态意识的缺乏实际上也是生态文化的缺乏。为此，应通过教育和各种宣传手段，帮助政府、组织和公民个人牢固树立尊重自然、顺应自然、保护自然的生态文明理念，树立天人合一的生态世界观、厚德载物的生态伦理观、顺应时代的生态实践观，为生态文明建设奠定坚实的思想道德基础。还应加快发展文化产业，生产更多蕴含绿色环保理念的文化产品，积极营造生态文化氛围,形成生态制度文化导向,从而在发展中统筹考虑生态环境目标和经济社会目标,实现人与自然的和谐发展。二是突出生态优先,转变发展方式。一个国家或地区的经济发展方式对其生态环境具有决定性影响,有什么样的经济发展方式就会有什么样的生态环境。可以说,经济发展方式落后和粗放是造成生态环境危机的重要根源,转变经济发展方式是减少污染、保护生态环境的关键举措。经济发展方式不转变,建设生态文明就会成为一句空话。突出生态优先,转变发展方式,就是要从粗放型的以过度消耗资源破坏环境为代价的发展模式,向增强可持续发展能力的方式转变。要以减量化、再利用、能循环、无害化为原则,大力发展循环经济,坚决淘汰落后产能,降低经济发展对能源的过度依赖,从源头上减少废物的产生。要加快培育以新能源、新材料等为重点的绿色技术、绿色产业,改善生态环境,提升生态质量。要不断提高资源产出效率。转变发展方式,将为我国经济社会提供广阔的发展空间,也是生态文明建设的必由之路。三是倡导绿色消费,共享低碳生活。生态文明从某种意义上说,也是消费文明。奢华的消费方式,不仅超出人的生理需求,而且超出自然界的承受界限,在加速污染环境的同时,也给人类自身带来一系列疾病。科学研究发现高能耗、不健康的'异化消费',已成为人类退化的重大隐患。因此,建设生态文明必须更新不可持续的消费方式。我国人口众多、人均资源稀少的特殊国情,决定了我们不应当也不可能模仿发达国家的消费模式,要以落实中央八项规定为契机,尽快建立与环境相协调、低能耗的生活消费体系,积极倡导适度、健康、低碳、绿色等消费模式,坚决反对和抵制浪费性、污染性消费,努力从消费终端促进生态文明建设。在生产领域,要在产业和税收政策方面扶持绿色产品生产,为绿色消费提供更多的市场选择;在城市交通建设领域,要重视公交出行、快速轨道交通系统和慢行系统的建设,让人民群众能够便捷地享用低碳出行;在城乡居住建设领域,要倡导绿色低碳建筑设计、建设和装修。四是完善工作格局,凝聚最强合力。要遵循'政府、企业、公众'协同参与规律,完善政府主导、企业主体、全民行动的基本工作格局,形成生态文明建设的最强合力。政府要把确保国家生态环境安全和基本环境质量作为重要的服务职责,充分发挥引导、支持和监督作用;企业要自觉践行保护生态环境的发展理念,尽快走上节约能源、循环发展、创新驱动的发展道路;公民个人要自觉养成保护生态环境的良好习惯,同时要积极参与制定、实施、监督、评判环保新政等工作。五是坚持全程管控,构建制度体系。我国的生态文明还处于建设阶段,制度不完善、机制不健全,是'五位一体'的制度空白,生态文明体制改革更多的含义是体制建设。十八届三中全会提出建设生态文明,必须建立系统完整的生态文明制度体系,用制度保护生态环境。要坚持全过程、全领域管控,构建起科学完备、运转有序的生态文明建设制度体系。从源头治理来看,要健全自然资源资产产权、国家自然资源资产管理体制、自然资源监管体制、实施主体功能区制度、建立空间规划体系、健全用途管制、建立国家公园体制等;从过程严管来说,要建立资源有偿使用制度、生态补偿制度、资源环境承载能力监测预警机制、污染物排放许可证制度等,把生态环境放在经济社会发展评价体系的突出位置,把资源消耗、环境损害、生态效益等体现生态文明建设状况的指标纳入经济社会发展评价体系,使之成为推进生态文明建设的重要导向和约束;从后果严惩来看,要建立生态环境损害责任终身追究制、实行损害赔偿制度等。"[①]

2. 绿色发展理念

在党的十八届五中全会上,习近平同志提出了绿色发展理念,是

---

① 陶良虎.建设生态文明 打造美丽中国:学习习近平总书记关于生态文明建设的重要论述[J].理论探索,2014(2).

把马克思主义生态理论同当今时代发展特征相结合,又融汇东方文明而形成的新的发展理念,绿色发展理念是可持续意识的最新体现。首先,坚持绿色经济发展理念是可持续发展思想的理论延伸,致力于提高人类福利和社会公平。要求经济发展不能忽视环保,任何经济行为都必须以保护环境和生态健康为原则,将生态健康作为经济的新的推动力量;要求树立"绿水青山就是金山银山"的理念,坚持将绿色发展、循环发展、低碳发展作为基本途径。其次是坚持绿色环境发展理念。要合理利用资源保护人类生存的环境,协调人与自然之间的平衡,保证自然环境与人类社会的共同发展。最后是坚持绿色文化发展理念。认为绿色文化与可持续意识、生态意识密切相关,要弘扬绿色文化,让绿色文化深入人心,为建设生态文明,实现美丽中国发挥作用。同时要树立绿色发展文化,新修订的《环境保护法》有助于形成全面、完善和长久的环境治理体系,实现社会持续发展。

尤其是近年来由于工业生产、汽车尾气排放等原因造成的大气污染持续加重,中国华北华东数百万平方公里都遭受严重雾霾侵扰,引发了国内外高度关注。治理环境污染、保护生态环境已经刻不容缓。为此"十三五"规划指出:"绿色是永续发展的必要条件和人民对美好生活追求的重要体现。必须坚持节约资源和保护环境的基本国策,坚持可持续发展,坚定走生产发展、生活富裕、生态良好的文明发展道路,加快建设资源节约型、环境友好型社会,形成人与自然和谐发展现代化建设新格局,推进美丽中国建设,为全球生态安全作出新贡献。"这就为下一步大力开展生态文明建设提供了明晰的指导方针。其实,"十一五"规划首次把单位国内生产总值能源消耗强度作为约束性指标,"十二五"规划提出合理控制能源,到了"十三五"时期则进一步加强了环境治理力度。习近平对此提出明确要求:"根据当前资源环境面临的严峻形势,在继续实行能源消费总量和消耗强度双控的基础上,水资源和建设用地也要实施总量和强度双控,作为约束性指标,建立目标责任制,合理分解落实。要研究建立双控的市场化机制,建立预算管理制度、有偿使用和交易制度,更多用市场手段实现双控目标。"加强环境治理、保护生态平衡、建设美丽中国已成为全社会的共识。

加强环境治理对于建设美丽中国具有三方面的必要性:首先是补齐全面建成小康社会短板的必然选择。小康全面不全面,生态环境质量是重要方面。中国目前环境质量差、生态受损严重、风险隐患高,环境承载能力已经达到或接近上限。生态环境已成为实现全面建成小康社会的短板和瓶颈。其次是为人民提供更多优质生态产品的内在要求。随着经济社会快速发展,人民群众对清新空气、清澈水质、清洁环境等生态产品的需求越来越迫切,希望能够蓝天常在、青山常在、绿水常在。必须加快解决突出的环境问题,让人民切身感受到污染可以治理、环境能够改善、优质生态产品能够增加。最后是推动绿色发展的重大任务。以环境保护优化发展方式拓展发展空间、增强发展动力,坚持区域上守住生态红线,行业上守住排污总量,准入上守住环境门槛,既推动污染物排放降下来、环境质量好起来,又促进经济平稳发展、量增质更优[①]。经济发展进入新常态后,在经济下行压力加大的形势下,更要注意处理好发展和保护的关系,举全社会之力推进生产方式和生活方式的绿色化。加强生态文明建设具体需要从三方面着手。第一,空间治理是推进国家治理体系与能力现代化的重要内容。中国目前空间治理缺位,对经济、人口、资源环境的治理主要是按行业、产业、领域进行,落到一个具体空间时往往不匹配甚至矛盾。比如很多地区只要GDP、要产业、要建设用地、要资源,不要人、不考虑资源环境

---

① "十三五"将继续加大环境治理力度[EB/OL].新华网,2015-11-30.

状况,结果不少地区出现人地失衡、人口经济失衡、经济与资源环境失衡。建立空间治理体系,就是要解决这些问题①。第二,坚持共同但有区别的责任原则、公平原则、各自能力原则,积极参与应对全球气候变化谈判,主动控制碳排放。在产业方面,要加强高能耗行业能耗管控,重点控制电力、钢铁、建材、化工等高耗能、高排放而且产能过剩较严重的行业。在区域方面要支持京津冀、长三角、珠三角等优化开发区域率先实现碳排放峰值目标。第三,筑牢生态安全屏障,必须牢固树立山水林田湖是一个生命共同体的理念。按照生态系统的整体性、系统性及其内在规律,统筹考虑自然生态各要素、山上山下、地上地下、陆地海洋以及流域上下游进行整体保护、系统修复、综合治理,增强生态系统循环能力,维护生态平衡。只有在多方联动的共同努力下,生态文明建设才能见实效。既要控制总量,也要控制单位国内生产总值能源消耗、水资源消耗、建设用地的强度。这项工作做好了,既能节约能源和水土资源,从源头上减少污染物排放,也能倒逼经济发展方式转变,提高我国经济发展绿色水平②。

---

① 杨伟民."十三五"发展用能权、用水权、排污权和碳排放权交易市场[EB/OL].搜狐网,2015-11-12.
② 习近平.关于《中共中央关于制定国民经济和社会发展第十三个五年规划的建议》的说明[EB/OL].人民网,2015-11-04.

当代可持续意识构建研究

第三章
当代可持续意识的相关问题及原因分析

　　人、社会与自然的和谐共存是实现社会可持续发展的基础。现代性下资本逻辑和工具理性改变着人类与自然的关系，人类以原子的、机械的思维方式把自然当成物件来肢解和征服，打破了人、社会与自然的有机性，最终出现环境污染、资源短缺和生态破坏等不可持续问题。

一、当代可持续意识面临的问题

人类从20世纪继承的遗产就是物质财富的极大丰富（当然也伴有贫富差距的增大）和生态问题的严重恶化。生态问题已经成为一个严重的社会问题甚至危及人类的生死存亡。目前环境恶化问题主要体现在大气、水体和固体物的污染。

首先是大气污染、气候异常。大气圈是地球表面的气体圈层，它对保持近地面适宜生物生存的温度、湿度、辐射等条件有重要作用，其中的一些气体还是生命代谢所必要的成分。但是自从工业革命以来，随着人类活动的日益频繁和对自然界影响力的增加，大气的成分发生了明显的变化。一是二氧化碳的浓度逐渐升高形成温室效应。温室效应引起的气候变化无疑将给人类和地球上的其他生命乃至生态系统的平衡性、多样性和稳定性带来多重灾难性的影响。如海岸侵蚀较大、海平面上升、灾害性风暴频率增加、沿海地沦为沼泽地，滩涂资源、内陆雨量大幅度减少，热带雨林因不能适应变化的气候条件而死亡，许多对气候敏感的栖息生物会趋于灭绝，地球植被、动物的栖息所及其生态系统将被严重破坏。"据测算，2030年后我国滇中高原的年降雨量会减少到200毫米左右，这使得低海拔地区的云南松、思茅松等树种成片死亡。我国南方的杉木、马尾松等也会受到严重的损害，被

第三章 当代可持续意识的相关问题及原因分析

迫向高海拔地区退缩,使原有的郁郁葱葱的山地变得荒凉。地球增温造成的气候变化甚至还将改变细菌、病毒等微生物的分布格局和致病机理,导致病毒从赤道地区向高纬度地区迁移。"[1]二是随着工业化的发展,特别是煤炭、石油被广泛开采和普遍使用后,其产生的有害气体如一氧化碳、二氧化硫和悬浮颗粒物等排入大气层,造成了大气的严重污染。据资料统计,全球上空每年飘荡着几十亿吨的粉尘、烟雾、有毒气体,那是工业生产和居民日常生活燃烧矿物燃料所滞留的产物。最近几十年来,由于各地政府、媒体的努力和公众环保意识的增加,城市空气质量指标虽在一些地区有所好转,但是在全球范围内有更加恶化的趋势,有12亿人暴露于高浓度的二氧化硫中,北美和欧洲15%—20%的城市中氮氧化物浓度超标,世界上一半以上的城市二氧化碳浓度过高。三是臭氧层的破坏。大气中的臭氧层一直充当着人类和其他生命的"保护伞",它既能吸收紫外线的大量辐射,以免人类遭受紫受外线的杀伤;又能使大气层的温度保持相对恒定,使地球的温度和其他条件保持在适宜人类与其他生物生存的范围之内。但是空气污染正严重破坏着大气中的臭氧,使臭氧层逐渐变薄甚至出现空洞。1985年英国科学家、剑桥大学教授法尔曼等人在南极哈雷湾观测站发现:"在过去10—15年间,每到春天南极上空的臭氧浓度就会减少约30%,有近95%的臭氧被破坏。从地面上观测,高空的臭氧层已极其稀薄,与周围相比像是形成一个'洞',直径达上千公里,'臭氧洞'由此而得名。"[2]一旦臭氧层这种天然屏障消失殆尽,人类及地球上的其他生命将遭受灭顶之灾。强烈的紫外线辐射将导致生物组织的极大破坏,从而诱发眼病、晒斑、皮肤癌、免疫系统病变,导致人类或其他生

---

[1] 章海荣.生态伦理与生态美学[M].上海:复旦大学出版社,2005:37.
[2] 张弘,陈月娟,毕顺强.南极臭氧洞对全球大气辐射加热场影响的数值模拟研究[J].大气科学,1999(3).

其他生命的免疫能力和机体抵抗能力的下降,从而可能使这些生命的衰老和死亡加速,强烈的紫外线还会杀伤或杀死海洋中的浮游生物,使各种海洋生活因食物链断裂而面临生存危机。强烈的紫外线由于臭氧层的吸收减少也必然导致地球表面温度骤增,使温室效应进一步恶化,进而加剧少雨、干旱的天气,对土壤的保持和人类的生活极为不利,甚至出现土地沙漠化、草原退化等问题,还可能会导致极地冰川融化等异常严重的问题。

其次是水体污染。水是生命不可或缺的必需品,地球上的生命离不开洁净的水源。但目前全世界淡水和海水资源污染都相当严重。2003年在日本举行的第三届世界水论坛提供的联合国世界水发展报告显示:"欧洲55条河流中仅有5条水质勉强能用,美国40%的水资源流域被食品加工废料、金属、肥料和杀虫剂污染,所有流经亚洲城市的河流均被污染。"①2009年3月6日,第五届水资源论坛在伊斯坦布尔举行,发表的联合国世界水发展报告认为当前全球正面临着严重水危机,预计到2025年前三分之二的世界人口将面临缺水。随着人口增长、生态系统退化、消费方式的改变,对水的压力正与日俱增。在许多地区缺水和水污染正将人类健康置于危险境地。仅以非洲为例,四分之一的非洲大陆处于严重缺水状态,三分之一的人口缺乏饮用水,有半数的非洲人因饮用不清洁水而患病。其实水污染危及的不仅是人类的健康,也影响了动植物的生存。淡水尚且受到严重污染,海水就更难幸免。据资料显示,全世界每年往海里倾倒的垃圾多达200亿吨;全世界每分钟有80万吨污水排入大海,年污水排放总量达4 500亿吨。全世界的工业废液、溢油、废弃物和有毒化学品,通过各种途径正在汇集海洋,每年流入海洋的石油约1 000万吨,剧毒多氯联苯2.5

---

① 张信阳.用多目标方法研究天津市水资源承载力[D].天津:天津大学,2006:46.

吨,锌390多万吨,铅30多吨,钢25吨,汞5 000吨。特别是近海和海湾成了各种废物和垃圾污染物的藏污纳垢之所在,大自然创造的海洋这一生命摇篮正变成巨大的蓝色"垃圾桶"。海洋污染使周围居民感染疾病的比例逐年上升,导致海洋生物种类锐减甚至灭绝。

再次是粮食、能源和其他资源短缺。1992年在里约热内卢召开的联合国环境与发展大会指出:"每8.23秒全球减少耕地一公顷。每年有2 100万公顷的土地完全丧失生产能力。"专家所见基本相同,美国学者莱斯特·布朗在《饥饿的世界》一书中说:"对未来世界的威胁,将不是战争,而是比战争更可怕的'世界饥饿'和对人类生存环境的破坏。"[1]联合国经济和社会事务部发布的《2010年世界社会状况报告》指出:"全球有14亿人生活在1.25美元/天的国际贫困标准线下,约占世界总人口的五分之一。长期忍受饥饿的人口数量高达9.6亿,比90年代初上升了1.4亿人。贫困每天夺去25 000名儿童的生命,27%—28%的发展中国家儿童发育不良。贫困导致教育的落后,全球仍有8亿多文盲。"[2]

最后是生物多样性锐减,生物灭绝加剧。据生物学家统计,在距今一万至一万三千年内共有40多种鸟类和50多种哺乳动物绝种。现在物种的灭绝率是地球史上最高的,为自然灭绝的9 000倍。英国《自然》杂志报道称:"50年后100多万种陆地生物将从地球上消失。因为人类活动造成的影响,物种灭绝速度比自然灭绝速度快了10 000倍。可见,环境恶化和物种灭绝是一个加速的过程,并不是匀速的,如果民众与管理者都缺乏对生物保护的意识,因为人类活动而导致不可预测的极端后果,可能很快就会到来。"[3]

---

[1] 章海荣.生态伦理与生态美学[M].上海:复旦大学出版社,2005:34.
[2] Department of Economic and Social Affairs. Rethinking Poverty: Report on the World Social Situation 2010[BE/OL].http://www.unorg/esa/socdev/rwss/2010_media.html.
[3] 因人类活动影响物种灭绝速度快31 000倍[EB/OL].腾讯网,2010-07-28.

上述各种环境公害严重威胁民众的身心健康,从而导致人与自然的关系紧张。因此学者、专家乃至民众都开始重新考量人与自然的关系,再加上和生态学有关的学科在快速地发展,形成了庞大的学科群,而且西方在文学艺术上有对人与自然关系的许多浪漫性思考和表达,这些思考与表达在严酷的现实下就变成了实际的应对举措,比如说法律规范的约束、市场政策的调控等。但与此同时,人们深刻地意识到价值导向的不可替代性,这也直接催生了可持续意识的构建。以上环境问题的发生与当代公民可持续意识的关联密切,主要表现在理性价值评判的缺失、可持续意识信仰的滑坡、可持续道德意识的缺位和异化消费导致生态危机四个方面。

(一) 理性价值评判的缺失

价值判断涉及的不是事实问题,而是人内在的偏好、取向问题。对价值导向的判断是人们对人生道路、生活方式与生命价值的判断,是总体的选择与取舍。知识的积累无法取代价值判断本身,也不存在正向度的关联性,知识积累并不能必然带来更好更准确的价值判断,它只能为价值判断提供一个更全面的背景或更广阔的视角。价值导向原则为外在的行为提供内在的规范,而自然价值导向原则总是受到一定的自然价值观的制约。有什么样的自然价值观,就有什么样的自然价值导向原则。"保护自然并不是要以大众的地球意识来对抗功利性的个人主义,它也不是一个无条件的理念,而是每个人赖以生存和生活的一个条件。"[①]"现实生活中自然价值导向原则的混淆化,不仅表现在自然价值根据的失却,而且表现在自然价值评判的混乱。自然

---

① [法]利波维茨基.责任的落寞:新民主时期的无痛伦理观[M].倪复生,方仁杰,译.北京:中国人民大学出版社,2007: 244.

价值根据是自然价值存在的凭依与基础,自然价值评价是依循于一定的自然价值标准所作出的道德评判。自然价值根据的失却,是对自然价值其内在的实质无从把握的结果。而自然价值评价的混乱,在于对作为衡量尺度的自然价值标准的不明晰。而没有了自然价值根据的实质性支撑,自然价值评价陷入错乱无根的境地在所难免。传统儒学的价值导向带着深厚的权威主义色彩,它并不能有效体现自然价值评价的根本着眼点——以自然为本。在一种体现'君子谋道而不谋食'的道德体系中,从'以义制利'到'存理去欲',一种道德绝对主义的倾向非常强烈,但它立足于人,却并不是立足于自然。它使体现宗法制和等级结构的传统依赖关系愈发明显,却并不能达至对非人之自然界成员的基本尊重。"[1]可持续意识并不是自然而然建立的。"在传统文化、现代文化与后现代文化,本土文化与西方文化,主流文化与亚文化,官方文化与民间文化等不同文化样态之间所产生的种种冲突,使自然价值观的混淆成为一种如影随形的事实。一方面是尊重自然的生态文化在消逝,另一方面是崇尚消费的物质文化在凸显。"[2]

"现代社会作为凸显经济主义与消费主义的社会,其物质至上、利益至上的经济主义甚嚣尘上,与此相关的是与经济增长伴随的消费主义观念大行其道,而体贴自然、关切自然的生态观念却大为衰落。在现代技术的流水线上大规模地复制的'文化工业'和传播商业性的'体验经济',使人有条件享受高消费的奢华生活,但是人们感官满足上的低层次需要,却带来了否定以自然个性、独创性和批判性为特征的人之生活的价值危机。"[3]"在现代社会,经济主义和消费主义都从属于'资本的逻辑',而'资本的逻辑'就是不断增殖,不能增殖的资本

---

[1] 周国文.自然权与人权的融合[M].北京:中央编译出版社,2011:200.
[2] 周国文.自然权与人权的融合[M].北京:中央编译出版社,2011:200—201.
[3] 周国文.自然权与人权的融合[M].北京:中央编译出版社,2011:201.

就不是资本。现代社会通过理性化的社会建制和'文化生产'建构了一个巨大的等级阶梯,这个等级阶梯的等级标志就是金钱,你占有的金钱越多,在这个阶梯上的位置就能越高,从而越能得到社会的承认。"[1]

早在17世纪,与近代理性主义大师笛卡尔同时代的帕斯卡尔就深切意识到理性主义所隐含的危机。"他认为理性不可能认识和把握人生,人的心灵有其自身的道德逻辑,如果说唯理主义是重思维的逻辑形式,那么,人的心灵所关注的则是生命存在的问题。在此,如韦伯所说的经济冲动力居于宗教推动力之上,经济生活所内合构造的市场导向的价值原则已居于主流地位。在对西方技术主义迅猛发展的观察中,我们敏锐地看到它潜藏的'破坏与毁灭'——现代生活中无限制的市场导向的危险进程以及导致了对自然的自由和个性的扼杀。"[2]海德格尔不主张用道德去规范和限制技术的发展,"他求助于'思'与诗显然不能解决最基本的问题。当经济生活中功利的冲动已普遍地弥漫在现代社会生活的方方面面,以人之存在意义的丧失及自然属性的丧失,人又何能言谈诗意栖居在大地上呢?人类为了使自己进入一个更有生存保障的富裕社会,往往是在过度利益欲求的驱使下,放弃了社会整体性发展的自然价值取向。在物质信仰之下所催生的拜金主义、个人主义与商业主义的竞争浪潮相结合,所导致的市场取向使每个人关心个人的经济效益胜过社会的生态公义。人的主体价值在物的实利面前显得无关紧要,人的主体地位的确立并没有让人拥有一个自足的生态家园,相反如海德格尔所说的那样,将人逐出精神的家园,陷入心灵上无家可归、漂泊不定的悲惨状况。人退化为商

---

[1] 卢风.应用伦理学:现代生活方式的哲学反思[M].北京:中央编译出版社,2004:154—155.
[2] 周国文.自然权与人权的融合[M].北京:中央编译出版社,2011:201—202.

第三章 当代可持续意识的相关问题及原因分析

品的原子,成了商业市场上信奉等价交换规律的螺丝钉,并以外在社会商品化的对象赋予的价值,免除了人本应承担的自然道德责任,并取代了人在社会整体生活面前所应作出的自然道德判断"①。

"自然主义理念的迷失,是源于复合的人与本真的自然之间的矛盾。而本真的自然在一个工业化的世界中离我们越来越远。人的不自由与商业社会的不自然,是自然被异化的后果。"②"在一个压制性总体的统治下,自由可以成为一种强有力的统治工具。个人可以进行选择的范围,不是决定人类自由的程度,而是决定个人选择什么和实际上选择什么的根本因素。"③商品的丰富性,人对自然单向度地、无度地控制与驱使,改变着社会有机体内工具之合理性与价值之不合理性之间的关系。"一切自由都取决于对奴役状态的意识,而这种意识的产生总是受占统治地位的需求和满足所阻碍,而且这些占统治地位的需求和满足在很大程度上已成为个人自身的需求和满足。"④费希特对于一个充满矛盾的世界充满了警醒,"我看一眼现在人与人之间的关系、人与自然的关系,看一眼人们的力量的软弱无能和他们的嗜欲激情的强烈无比,我内心就不禁迸发出这样的呼声:'事情不可能会长此下去;它必须,噢,它必须完全改观,变得更好。'我绝不能设想人类的现状会永远一成不变,也绝不能设想这现状就是人类的全部最终目的。果真如此,一切就会是一场梦幻,一个骗局;而且这也不值得劳神费心地谋生了,不值得从事这种始终重复、漫无目的、毫无意义的游戏了"⑤。

"凡带有理性印记,为扩展理性力量而做成的创作物,绝不会在时

---

① 周国文.自然权与人权的融合[M].北京:中央编译出版社,2011:202.
② 周国文.自然权与人权的融合[M].北京:中央编译出版社,2011:176.
③ [美]马尔库塞.单向度的人[M].张峰,吕世平,译.重庆:重庆出版社,1988:8.
④ [美]马尔库塞.单向度的人[M].张峰,吕世平,译.重庆:重庆出版社,1988:9—10.
⑤ [德]费希特.人的使命[M].梁学志,沈真,译.北京:商务印书馆,1982:94.

代的进步中全部丧失。自然的不合乎规则的暴力活动让理性作出的牺牲,一定至少会减轻、满足和缓解这种暴力活动。那不依任何规则而造成祸害的力量,可能再也不会这样干了。"①"一种奇异而又疯狂的消费社会面貌与人沉迷其中的物质欲望,相对照出人的深深无力。在利润的渴求和驱动面前,主体与客体被混淆与替换,交换价值被抬高、被泛化,商品化使一切皆可能被量化的物质被以商品的名义出售。在商品拜物教面前,资本的逻辑逐渐成为主导人生存的根本逻辑。"②在社会商品化过程中,不仅客体得以支配主体,物质的宰制正成为交换和交易的对象。一切东西都可以用于交易。"人的纯粹本质被遮蔽,社会生产的真正目的被抽离。人的不自由其实也正是人之本性的不和谐。在商品堆积所构造的体验直接魅惑下的冲动,并不能够达到社会发展与人格发展的完整实现。"③"如果这种实现经常令我们失望,那是因为我们的本性本身有些不和谐,我们所获得同时也是我们所失去的。这种不和谐,辅以对物质世界不可抗拒力量的宿命意识,便会产生关于人类成就的悲观见解,要求我们在放弃中而不是在实现中寻求善。"④

人在商品的浪潮中往往凸显出虚假的自我意识,主体地位沦丧,真实的个人需要被遗忘,人与社会的交往陷入被异化的断裂。"一旦从感性的需要和特性以及从任何社会现象中抽象出资本流通,社会生活就会恶化,私人化并在相互竞争的私人利益中被分裂成碎片。当资本逻辑的发展超出工厂而渗透一切文化和人际的关系时,就产生深远的破坏和扭曲的影响。这个发生于经济之中进而影响到整个社会生活的颠倒直接进入文化的和个人的领域,使之商业化和充满了商品的

---

① [德]费希特.人的使命[M].梁学志,沈真,译.北京:商务印书馆,1982:94.
② 周国文.自然权与人权的融合[M].北京:中央编译出版社,2011:177.
③ 周国文.自然权与人权的融合[M].北京:中央编译出版社,2011:177.
④ [英]霍布豪斯.社会正义要素[M].孔兆政,译.长春:吉林人民出版社,2006:9.

幻想,最后本身成为商品,其个性与幸福实现于纸醉金迷的消费和对名望的崇拜之中。"[1]个性的损耗是显而易见的。人与商品同质化,个人的创造性、激情与个性被消磨。"机械本身教会人群相互合作,在合作中每个人必须只干一件事:它为政党机器和福利行为提供了模式……它没有教导个人独裁;它使很多人构成一台机器,以及使每一个人成为实现同一目的的工具。"[2]

因此,这种人、社会与自然之间的关系中充满了等价交换,利用与被利用,对自然的义与利进行重新反思,其结果应将自然看作普遍之义的人格化,即超然的自我。

(二) 可持续意识信仰的滑坡

可持续意识信仰的滑坡与可持续意识理念空洞相关。随着经济的全球化,在汹涌的工业化的进程中,技术对人的统治与控制,不仅形成一种非人性化的技术主义,而且人也在日渐膨胀的工具理性面前形成一种技术崇拜。法兰克福学派对此有一句精辟的断言:"工艺的基本原理就是统治的基本原理。"[3]现代公民不仅要实现个人自主性的需求,而且更要勇于承担公民的可持续意识责任,建立与可持续意识相衬的理想人格。"在现代社会的负责关系中,只要彼此同意,规范可以自由订立。意识并不是人们的规范,人们遵循的规范是法律,意识正对传统的私德而言,代表一种新的态度、新的价值观和新的处理人际关系的方式,而这些只有在自由的价值中、民主的方式中,以及自

---

[1] [美] 贝斯特,科尔纳.后现代转向[M].陈刚,等译.南京:南京大学出版社,2002:69.
[2] Friedrich Nietzsehe. *Human, All Too Human*[M]. Cambridge(Eng): Cambridge University Press, 1986, p.366.
[3] Horkheimer and Adorno. *Dialectic of Enlightenment*[M]. New York: Herder and Herder. 1972, p.121.

由、民主的心态中才能培养出来。在这里,我们找到了自由、民主在伦理范围内的意义。建立现代社会的伦理,应该朝这方面去设想。"①

目前,个人对自然的信任感欠缺。由于受普遍存在的工具性自然关系的影响,在公共生态领域人与自然相交往的感情联系逐渐被利益关联所取代,而充斥其中的物质利益交换的功利化,使个人与自然之间的交往关系容易陷入利益算计的矛盾或冲突之中。于是基于自然利益的争夺与资源的分配,便可能滋生个人与自然之间的不信任情绪。个人与自然界成员之间往往容易因价值立场的分歧陷入对立与冲突中。此外,人的可持续意识义务观念不足。个人作为有着独立意志的理性存在者,应勇于担当可持续责任,而不仅仅满足于自己的期望和需求。个人的价值应与社会发展紧密相关,每个人都应是社会发展的目的所在而不应该沦为工具。

从信仰本身来说,当代人的信仰在物质和科技的诱导下出现了滑坡。首先,科学技术是一柄双刃剑。在无比强大的技术统治面前,人的体力和智力不得不依赖于越来越复杂的机器,从而失去了应有的创造性,成为机械的奴隶,甚至可能成为"机器人"。在此影响下,人的异化成为一种现实的问题。在异化状态下,技术不再是为人服务的工具,技术对人的异化实际成了对人的一种精神摧残。随着精神的物化,人与人之间的关系也异化了。"人的自主性在技术面前荡然无存,人不仅顺服地成了技术的俘虏,成为它的附属物;而且技术反倒成为压迫每个人的异己力量,这种宰制性的力量反过来剥夺了人的选择自由与行为自由。其自身残存的若干主体意识在社会大生产的影响下,就只有服从技术规程与生产效率的指令,人的个性被抹杀,人的精神深度被解构;在非人性化、非情感化的理性面前,人愈发地平面化与物

---

① 韦政通.伦理思想的突破[M].北京:中国人民大学出版社,2005:104.

质化。"①在被技术文明与金钱崇拜所笼罩的物质信仰方面,物质变成信仰、技术成为权力的危险日益加剧。"人信服于技术理性,就如同恪守政治理性,技术被普遍化用来建立新的社会控制形式,特别是在对自然的利用过程中显现出强硬的粗暴。随之而来的自然价值危机,不仅是价值理性被排斥,而且隐含的是信仰危机。自然真正的价值是什么?人存在的意义是什么?人类的精神家园在哪里?带来普遍功利性满足的物质信仰,无从解决这些精神问题。精神问题还需要用精神信仰来解决。人的自主存在,不仅需要人自身摆脱技术的宰制,而且需要人在精神维度给自身注入活力。"②

当代中国,由于技术进步、物质丰裕而产生道德退化的现象,然而可持续意识道德信仰问题却还没有技术上的解决办法。诚如弗洛姆所说:"19世纪的问题是上帝死了,20世纪的问题就是人死了。"③那么,21世纪的问题是否是自然死了?可持续的道德信仰如同一盏光明的灯,它照亮的是自然界每个成员,并指明绿色之路的方向,如果少了这盏灯或者这盏灯的光线暗淡,自然的价值定位就会发生偏差,个人的可持续理想也将缺失,绿色生态之路也将变得坎坷。

在时代的精神状况发生蜕变的今天,自然道德似乎成了一种需要被重估的价值。道在社会生活中已是功利之道,变成了等价交换的商业原则;德是世界和平与秩序的关键所在,作为一种可持续信仰的德,其内在的力量是饱满的,其恒定的信念是执着的。但现今社会的自然之"德"已变成一种不确定的价值。有自然之德的人往往失势,无自然之德的人却大行其道。自然之"德"让位于物质之"利",与自然相融

---

① 周国文.自然权与人权的融合[M].北京:中央编译出版社,2011:188.
② 周国文.自然权与人权的融合[M].北京:中央编译出版社,2011:188—189.
③ [美]弗洛姆.健全的社会[M].欧阳廉,译.北京:中国文联出版公司,1988:370.

之"道"已被物质谋利之术取代①,这是不能忽视的问题。

(三) 可持续道德意识的缺位

可持续道德意识是一种自觉的道德观念,它从自发的道德意向与道德愿望出发,设定了一种人在社会公共生态结构中的理性意识。可持续道德意识应该体现人与自然的相互依存性,也应与人类共同体的道德境遇联系在一起。按照美国哲学家沃尔泽的观点,共同体本身是一种善——也许是最重要的善。在共享意义上,人类共同体也是一种重大的价值。当前,可持续道德意识不是混沌的,而是有着一种显而易见的个人自觉,是对自然存在的有效确认。"即使我们设法控制了我们的行动的物质后果,如果我们生活在一个与地球一样大小的宏大的天然景色的公园里,我们关于神圣的观念将要发生变化,它至少是公园和野生的自然之间的差别。"②

每个人的行为选择在互为渗透、互为依赖的生活状态中都必须考虑自然的存在。在可计算的物质利益面前,人们不仅有着诚意而且有着疯狂的热情。在无利可图的公益生态事务面前,人们不仅失去了诚意,而且连投入的义务感也随之抛弃。关于自然道德的基本意识也被淹没于物欲的巨大冲动中。现实的维度取代了超越的维度,利益的考量盖过了生态的考量。"思想的独立、自主和政治的反对权,在一个日渐能通过组织需要的满足方式来满足个人需要的社会里,正被剥夺它们基本的批判功能。"③但从当代自然生活的实践来看,对于自然之为自然的典型性往往容易发生混淆,"自然道德意识并没有沉淀为每个

---

① 周国文.自然权与人权的融合[M].北京:中央编译出版社,2011:191.
② [美]麦克基本.自然的终结[M].孙晓春,马树林,译.长春:吉林人民出版社,2000:77.
③ [美]马尔库塞.单向度的人[M].张峰,吕世平,译.重庆:重庆出版社,1989:4.

公民都自觉体认的观念模式。一种自然道德虚无主义的趋势正开始抬头,它不是简单地对具有约束力的生态伦理规范的否定,而是失去一种自然理性的道德能力"①。"规范现代社会人与自然交往的环境道德规则并不是自明的,而是需要在环境道德自律的基础上,付出每个人的道德颖悟与道德反思。它需要在客观自然认识论的前提下经过环境道德逻辑的推演而逐步形成生态伦理意识"②,或者说可持续意识是环境道德逐步演化的结果,是人对自然更深层次思考的结果。在当前可持续道德伦理不自明的条件下,个人自身难以对自己的生活加以体悟,所以既定的道德规范与道德要求就得不到遵守。因为人没有站在自然可持续发展的立场来确认自己的环境道德意识,也就无法立足于人类发展的视角来审度自己的行为是否符合社会发展的要求。

"人们被经济发展的物质驱动结构化安置于一种行为无度的处境中。卢梭把科学技术看作是道德的敌人,罪恶的渊薮。"③"随着科学和艺术的光芒在我们的地平线上升起,德行也就消逝了,并且这一现象是在各个时代和各个地方都可以观察的","我们的灵魂正是随着我们的科学和我们的艺术之臻于完善而越发腐败的"④。但现实生活中人们面对着可持续道德意识缺位化的事实。这里的缺位,主要指由于环境道德信念低落所导致的可持续心理意识的缺位。

(四) 异化消费导致生态危机

当代消费主义的盛行给人类的生活方式带了巨大的变化,同时也

---

① 周国文.自然权与人权的融合[M].北京:中央编译出版社,2011:185.
② 周国文.自然权与人权的融合[M].北京:中央编译出版社,2011:185.
③ 周国文.自然权与人权的融合[M].北京:中央编译出版社,2011:187.
④ [法]卢梭.论科学与艺术[M].何兆武,译.北京:商务印书馆,1963:11,21.

深深影响人们的思想意识、价值观念以及人与人之间的关系。消费不仅是人们日常行为的一部分,还是生活和生产方式的文化形态。特别随着全球经济一体化的到来,西方消费主义文化在全世界蔓延,消费主义的盛行带来的异化消费、奢侈消费,造成了环境资源的浪费。因为消费是一种无止境的行为,人们享受消费带来的短暂的快乐的时候,遵循着唯心主义的逻辑,消费与真实的需要以及现实的原则毫不相关。马尔库塞在《单向度的人》中提出"真实需求"和"虚假需求"的概念,用以分析人的物欲化和消费主义的倾向。马尔库塞认为伴随着当代资本主义社会生产力的提高和物质财富的极大丰富,出现了一种新的控制形式,即通过广告等大众媒体制造"虚假需求",把人们的兴趣点引向对物质商品的消费。"虚假需求"是一种由个人所控制不了的资本制造出来的,因此它是一种被控制的外在于人的需求。这反映了当代西方社会对人的控制已进入人的内心世界,同时也使当代西方人成为沉醉于物质消费而忘却精神追求的单向度的人,带来的消极影响就是无限制的消费导致生产相对过剩,给生态环境带来难以承受的压力。因此,异化的消费是对自然资源的浪费,是对自然进行大量的掠夺。同时利用媒体引导人们大量消费,人们通过努力的工作来换取消费中的享乐,导致人们沉溺于物质生活而忽视精神境界。

二、当代可持续意识问题的原因探析

当代社会出现的资源短缺、环境污染和生态危机等问题引起人类生存的困境,人、社会与自然的对立源于现代性流弊的宿命。个人在社会生活面前的基本物质需要,使人在疲于奔命的过程中无暇顾及精神与自然的问题。自然的理性被放在一边,而人自身的内在限度被忽略不计①。现代性作为哲学意义上的概念,这是一个不平凡的运动轨迹,也与资本主义一脉相承。"在决心与中世纪传统告别的过程中,它既创造了有史以来空前巨大的生产力,而且也囊括了自16世纪以来西方文明的艺术奇迹与文化精粹。但这种以革命、理性、人权、进步与发展等名目为代表的文化精粹,在未经反思的状态下可能充满异化的可能。与之相伴随的是,文化精粹的启蒙之果不顾自然的境遇,往往在新生资本主义的狂乱梦想中陷入一种尴尬的境地。"②"这种关于现代性之不满的阴沉的弗洛伊德式观念与尼采的批判不谋而合:我们谈论真理的时候,潜台词却是生命意志……其代价确实遮蔽了现象的其他方面。因此,真理与谎言携手并进,真理背后隐藏着的是生命力量和权力意志。在科学活动和政治生活中备受称赞的合理性,其实质

---

① 周国文.自然权与人权的融合[M].北京:中央编译出版社,2011:130—131.
② 周国文.自然权与人权的融合[M].北京:中央编译出版社,2011:131.

却是隐蔽的权力。因此,种种价值,无论是神学的还是人文主义的,因而都被揭示为幻觉。可信之物不复存在。一切虚假的希望都烟消云散了。"①

　　当文化工业加剧了精神生活的萎缩,工具理性战胜价值理性,技术理性取代道德理性,一场始料未及的危机便在资本主义的高速发展背后酝酿着。环境污染、物欲沉沦与技术异化,使人的生活方式沾染了资本的铜臭味。马克思一针见血地指出:"它迫使一切民族——如果它们不想灭亡的话——采用资产阶级的生活方式。一句话,它按照自己的面貌,为自己创造一个世界。……它使农村从属于城市,使未开化和半开化的国家从属于文明的国家,使农民的民族从属于资产阶级的民族,使东方从属于西方。"②当现代人丧失对自然的整体认知的能力后,人之外在与内在疏离也导致了危机。

(一) 主体性哲学下自然祛魅

　　主体性哲学发源于文艺复兴运动,经启蒙运动的强力推动,在德国古典哲学中形成以自我意识、自我精神、自我认识为中心的主体性哲学。"人道主义认为历史是人的思想和行为的产物,并因此断定'意识''能动作用''选择''责任''道德价值'等范畴对于理解历史是必不可少的。"③现代主体性哲学将人理解为自我,将自我理解为主体,将主体理解为本体。不同时代思想家提出不同的人学思想,这样就逐渐建立以人为主的主体性哲学。主体性哲学不断追问:我们从哪里来?我们是谁?我们到哪里去?并关注人的生存与发展、人与自然的

---

① [挪威] 希尔贝克,伊纳.西方哲学史:从古希腊到二十世纪[M].童世骏,郁振华,刘进,译.上海:上海译文出版社,2004:531.
② 马克思恩格斯文集(第2卷)[M].北京:人民出版社,2009:35—36.
③ [英] 索珀.人道主义与反人道主义[M].廖申白,杨清荣,译.北京:华夏出版社,1999:7.

第三章 当代可持续意识的相关问题及原因分析

关系、人与社会的关系,人存在的价值和意义等一系列关于人本身的问题。随着主体性哲学的建立,人与自然的关系也发生了变化。因为主体性哲学坚信人是"万物的灵长、宇宙的精华",认为人是世界的主宰,是世界的创造者,也是世界的征服者。

"人性的祛魅在文艺复兴时期表现为人不再是上帝的造物,而是自然而然的存在,把归属于上帝的一切东西,都归于人本身。人文者宣称人并不从属于上帝,而是从属于自然世界。物有物的自然,人有人的自然,都是自然而然的存在,因此人性既不是由神赋予和规定的,也不是为人的,而是由人自身所具有的'自然'决定的……人的自然本性乃是追求感官快乐和生活幸福,逃避痛苦和灾难,因为七情六欲、趋乐避苦是自然造就的,是一切生命存在物的天性。"①彼得拉特在《秘密》中指出:"我不想变成上帝,或者居住在永恒中,或者把天地抱在怀抱里。属于人的那种光荣对我就够了。这是我所祈求的一切,我自己是凡人,我只要求凡人的幸福。"②德国费尔巴哈除了证明了人性的自然性质外,还进一步指认"不是上帝创造了人,而是人创造了上帝",他说:"人怎样思维,怎样主张,他的上帝也就怎样思维和主张;人有多大的价值,他的上帝就也有这么大的价值,决不会再多一些。上帝之意识,就属人之自我意识;上帝之认识,就是人之自我认识。你可以从人的上帝认识人,反过来,也可以从人认识人的上帝;两者都是一样的。人认为上帝的,其实就是他自己的精神、灵魂,而人的精神、灵魂、心,其实就是他的上帝:上帝是人之公开的内心,是人之坦白的自我。"③因此,现代人宣布上帝死了,目的是为了使自己成为世界的王者。人性的祛魅为自然的祛魅奠定了基础,这是人从自然中分离的

---

① 曹孟勤.人向自然的生成[M].上海:上海三联书店,2012:20.
② 从文艺复兴到十九世纪资产阶级文学家艺术家有关人道主义人性论言论选辑[M].北京:商务印书馆,1971:11.
③ [德]费尔巴哈.基督教德本质[M].荣震华,译.北京:商务印书馆,1984:42—43.

起点。

  当人从上帝的视阈中脱离出来后,人对自然的认识就翻开了新的篇章。人与自然从原始的混沌的统一走向人与自然的分裂。古代人认为自然世界是神秘的,存在着超越人的某种神秘力量,自然界各种要素都有自己的神,例如山有山神,水有水神,地有地神。古希腊人认为整个世界渗透和充满着心灵,因此,古代人对自然世界怀着一份深深的敬畏和崇拜之情。近代启蒙运动,用自然主义机械论世界观取代了神秘主义宇宙观。文艺复兴时期的自然科学家认为自然界不是一个有机体,地球自身的运转则完全按照物理规律运行。"上帝之于自然,就如同钟表匠或水车设计者之于钟表或水车。"[1]自然世界不再具有神秘性,只是按照牛顿设计的物理秩序运动。文艺复兴后的启蒙运动思想家继续对自然进行祛魅。霍布斯运用物理学的理论和方法认为物质运动完全是一种机械位移。笛卡尔在此基础上提出"动物是机器",伏尔泰更认为宇宙是一架机器。在这样的意识下,自然界是一架可以被人所认识和分解的机器,这样的机械自然观隐喻着人是操纵和控制这架机器的主人的现代性理念。当代美国生态女性主义者麦茜特支持机械自然论是"自然之死"的表征[2]。"关于宇宙的万物有灵论和有机论观念的废除,构成了自然的死亡——这是'科学革命'最深刻的影响。因为自然现在被看成是死气沉沉、毫无主动精神的粒子组成的,全由外力而不是内在力量推动的系统,故此,机械论的框架本身也使对自然的操纵合法化。进一步说,作为概念框架,机械论的秩序又把它与奠基于权力之上的与商业资本主义取向一致的价值框架联系在一起。"[3]从上可以看出,机械自然论为现代人成为自然世界的主人

---

[1] [英]柯林伍德.自然的观念[M].吴国盛,柯映红,译.北京:华夏出版社,1999:10.
[2] 曹孟勤.人向自然的生成[M].上海:上海三联书店,2012:23—24.
[3] [美]麦茜特.自然之死[M].吴国盛,译.长春:吉林人民出版社,1999:212.

提供了哲学世界观根据,自然界是一架没有任何生气的机器,而人是操纵和控制这架机器的主人①。

人类社会经历了人性和自然的祛魅,人是自然的主人是现代性启蒙的旗帜。自然世界成为一架机器,人从自然中分离出来并与自然对立。法国哲学家笛卡尔通过他的反思与普遍怀疑,确认在这个世界上存在着两种实体:一个是物质实体,另一个是心灵实体。"物质实体的根本属性是广延,心灵实体的根本属性是思维;有广延性的东西不可能思维,而能思维的东西必无广延性。"②由此笛卡尔确认,物质实体和心灵实体之间没有必然的交集,完全处于平衡状态。笛卡尔将物质实体和心灵实体看作是两个各自独立的实体,从而开辟了哲学上的心物二元论路线。笛卡尔认为的物质实体是自然世界,心灵实体是人本身的思维,由此人与自然便分开来了。笛卡尔表明,人类自我由于通过"我思"而确立其存在,人是思维的主体,自然世界通过思维而确立其存在,因为主体和客体是对立的,人与自然必然也是对立的。

康德强化了人与自然的分离和对立。康德认为人拥有理性,"每个有理性的东西都须服从这样的规律,不论是谁在任何时候都不应把自己和他人仅仅当作工具,而应该永远看作自身就是目的"③。人是目的,人与人构成了"王国","目的王国"与"自然王国"之间有一道不可逾越的道德鸿沟,使人与自然在价值方面产生分裂。人从自然发生本质上的断裂,造成人从自然中对立的哲学基础,"人从自然世界脱身出来成为一个孤独的自我,近代哲学不再像古代哲学那样以自然世界为背景认识自我,而是完全以人自身所是为参照对象认识自我,把'我思''我欲''我类'视为人之为人的根据"④。

---

① 曹孟勤.人向自然的生成[M].上海:上海三联书店,2012:24.
② 曹孟勤.人生自然的生成[M].上海:上海三联书店,2012:30.
③ [德]康德.道德形而上学原理[M].苗力田,译.上海:上海人民出版社,1986:86.
④ 曹孟勤.人向自然的生成[M].上海:上海三联书店,2012:31.

提出"我思故我在"的笛卡尔认为人是具有思维性的存在,自我是思维的主体,即通过自我的思维而确证自我的存在。康德将自我看作是先于经验而存在的东西,自我不是从经验中得到的,而是先天存在的。费希特则进一步强调,"自我的存在(本质)完全在于自己把自己设定为存在者的那种自我,就是作为绝对主体的自我"①。费尔巴哈提出"我欲故我在",认为人的本质不表现为"我思故我在",而是"我欲故我在"。人的基本欲望是人的本质。黑格尔认为,人具有自我意识,主张人的自我不是独立自足的,自我意识只有在他人那里才能实现,没有他人就没有自我。"自我意识是自在自为的,这由于,并且也就因为它是为另一个自在自为的自我意识而存在的;这就是说,它所以存在只是由于被对方承认。"②在此基础上,马克思指出:"人的本质并不是单个人所固有的抽象物,在其现实性上,它是一切社会关系的总和。"③

当现代人将人类认识自我的参考定位于"我思、我欲、我类"时,在人的本质中就去除了自然的影响。海德格尔认为现代人固执于人道主义,漂浮在物质的泥潭中。因此,人从自然中分离是一种灾难,环境、资源等出现不可持续问题就是最好的例证。

(二) 工具理性下科技的发展

在古希腊文本中哲学家的本义就是爱智慧。在柏拉图看来,与"爱智者"相对的是"爱意见者"。爱智者能通过理性发现或洞见真理。爱意见者无法认识事物的本质和真理。"凡是由人的理性推理所

---

① [德] 费希特.全部知识学的基础[M].王玖兴,译.北京:商务印书馆,1986:12.
② [德] 黑格尔.精神现象学[M].贺麟,王玖兴,译.北京:商务印书馆,1979:122.
③ 马克思恩格斯选集(第1卷)[M].北京:人民出版社,1995:60.

认识的东西总是真实的,永远不变的,而凡是意见和非理性的感觉的对象总是变化不居的,不真实的。"①柏拉图为哲学做了理性的奠基,亚里士多德将理性纳入逻辑化的轨道上来,从而确立了西方传统哲学罗尔斯中心主义的地位。从某种意义上说,西方传统哲学的历史是理性自我建构、自我确证和自我反思的历史。只用运用理性,人类才可能认识自然的真相,只有运用理性,人类才可能建立公平正义的社会。启蒙运动建立了全新的价值观念和文化体系,理性成为检验衡量世界的尺度。理性的建立为科学技术发展提供了保障,而科技发展把理性推向制高点,但同时也带来了一定的弊端,特别是科技在利用自然的过程中,造成人、社会与自然的有机整体的破裂。

在法兰西学派看来,启蒙理性认为判断知识的标准在于有用性。这就必然把凡是不符合计算和实用规则的东西排除在知识之外,知识实际上被归结为技术,理性由此也被归结为技术理性。在他们看来,技术理性导致了实证主义哲学的盛行,消除了哲学的批判向度,培养了人们的顺从和肯定思维,成为控制人的一种新的形式,技术会带来生产效率的提高,但必然会导致人的片面发展。卢卡奇用"物化"的概念论述了技术带来的负面影响。所谓物化,就是指"人自己的活动,人自己的劳动,作为某种客观的东西,某种不依赖于自己的东西,某种通过异于人的自律性来控制人的东西,同人相对立"②。这种物化现象从主观方向看,作为人本质体现的自由自觉的劳动与人自身相分离,而不得不服从商品与商品关系运行规律;从客观方面看,由人所创造出的物以及由物所构成的世界,即商品与由商品所构成的世界反过来成为一种人无法控制的,并且支配着人的力量。

首先,理性的技术的核心是通过"合理性"和"可计算性"原则实

---

① 北京大学哲学系外国哲学史教研室.古希腊罗马哲学[M].北京:商务印书馆,1961:207.
② [匈牙利]卢卡奇.历史与阶级意识[M].杜智章,译.北京:商务印书馆,1992:147.

现对效率的追求。为了适应"可计算性"原则,资本主义生产过程和劳动生产中的任何一个整体都被分解为各个组成部分,以便于研究生产的局部特殊规律,统一的生产过程必然会分解为以专门化为特征的产品生产过程,从而使统一的生产过程变成局部系统偶然的组合,从而消除了生产过程中各种局部操作之间的有机联系。

其次,资本主义生产采取严密分工,使人丧失了生产过程的主体地位,而沦为屈从于资本主义生产体系的旁观者。资本主义生产日益走向专门化,并由此必然导致人的异化。这是因为技术理性的本质是以认识到和计算出一定事情的必然的、有规律的过程为目的,人的能动活动主要体现为以这种规律为基础而对事物发展的可能性做出正确的计算,工人的创造性活动沦为对技术理性的屈从;由于劳动过程合理化和机械化,工人不得不屈从资本主义社会严密的分工体系和机器大生产,"人无论在客观上还是在他对劳动过程的态度上都不表现为是这个过程的真正主人,而是作为机械化的一部分被结合到某一机械系统里去。他发现这一机械系统是现成的、完全不依赖于他而运行的,他不管愿意与否必须服从于它的规律"[1]。这意味着人不再是生产过程中的主人,而沦为生产体系中的零件和一个原子,这虽然带来生产效率的提高,但是也造成了人的异化。

最后,技术理性的盛行造成了人的价值的下降和物的价值的上升,从而颠倒了人与物之间的关系。人作为物的创造者,原本应该是物的支配者和主人,但是技术理性只关注效率,信奉"时间是一切,人不算什么;人至多不过是时间的体现"[2],这就把人降到物的地位。在资本主义社会,由于商品以及由商品关系构成的世界的规律是外在于人的,人的命运不得不受商品世界规律的支配。卢卡奇对技术理性和

---

[1] [匈牙利]卢卡奇.历史与阶级意识[M].杜智章,译.北京:商务印书馆,1992:150—151.
[2] [匈牙利]卢卡奇.历史与阶级意识[M].杜智章,译.北京:商务印书馆,1992:151.

第三章 当代可持续意识的相关问题及原因分析

资本主义社会普遍物化现象内在联系的论述,实际上揭示了资本主义现代性价值体系和现代化的悖论。资本主义现代性虽然带来了社会物质财富的增加和人们物质生活水平的提高,但是却没有给人们带来平等、自由和幸福,相反却是奴役和人的异化。在卢卡奇看来,资本主义现代性价值体系将理性简化为技术理性,这就决定了科学技术的发展和运用必然走向异化,科学技术的合理性由此必然会成为问题。特别是第二次世界大战以后,伴随着科学技术的迅猛发展,科学技术极大地提高了劳动生产力,给当代西方社会带来了巨大的物质财富,也给人的自由全面发展奠定了物质基础。但是,现实的情况却是人们没有因为财富的增加而走向幸福、自由和解放,相反,社会对人的总体控制在日益增强,人们处于一种总体异化的生活状态中。科学技术的发展还造成了人与人、人与自然的关系日益紧张,出现了以科技为基础的社会发展与人的发展的背离。

对于启蒙理性是如何导致社会从自然中分离的,法兰克福学派的霍克海默和阿多尔诺认为启蒙理性的目的是在于通过驱除神话和幻想而代之以知识,使人们摆脱恐惧,树立自主。"人类的理智战胜迷信,去支配已经失去魔力的自然。知识就是力量,它在认识的道路上畅通无阻,既不听从造物主的奴役,也不对世界统治者逆来顺受。"[①]启蒙理性虽然使人从神话的恐惧中解放出来,但却又最终走向了它的反面,给人们带来了新的束缚,这一切根源于启蒙对理性和知识的规定。在启蒙理性看来,知识的本质在于给人们解决实际问题提供行之有效的操作办法和技术,"知识的真正目的、范围和职责,并不在于任何貌似有理的、令人愉悦的、充满敬畏的和让人钦慕的言论,或某些能够带来启发的论证,而是在于实践和劳动,在于对人类未揭示

[①] [德]霍克海默,阿多尔诺.启蒙的辩证法[M].渠敬东,曹卫东,译.上海:上海人民出版社,2003:2.

过的特殊事物的发现,以此更好地服务和造福于人类生活"①。这实际上是以"实用性"作为判断知识的标准,"在通往现代科学的道路上,人们放弃了任何对意义的探求。他们用公式代替概念,用规则和概率替代原因和动机……"②

这是因为技术理性的哲学基础是实证主义哲学,从而导致科学和价值关系的断裂,由此使技术理性得以盛行。马尔库塞在《爱欲与文明》认为人类文明史实际上是人类的爱欲被压抑的历史。他指出由于资本主义生产是由资本的利益所支配的,因此,资本主义社会对人的压抑和控制不仅没有降低反而更加全面,其方式是通过技术理性所带来的生产过程和管理的合理性对人进行全面的控制。现代技术越来越趋向高、精、尖,导致了技术分工越来越专门化,由此造成了资本主义生产分工的等级制和专制型,致使劳动者无法感受劳动过程的自主性和劳动的乐趣。"技术是权力分配、生产的社会关系的发源地,等级制的劳动分工来源于技术中。"③资本主义发展大规模技术不仅是为了满足资本追逐利润的要求,而且也是资本主义维系政治的需要,对资本主义来说,它致力于发展"那些和它的逻辑相一致,以及与它的继续统治相容的技术。它消除那些不能增强现存社会关系的技术,即便它们在国家所宣称的目标方面更加合理"④。即通过选择使用高度集中的大规模技术,使资本能够更好地对劳动者实现控制,这实际上是一种"技术法西斯主义",这样的技术理性不仅造成社会发展与人的发展相异化,而且造成了人与自然关系的紧张,体现为社会发展的不可

---

① [德]霍克海默,阿多尔诺.启蒙的辩证法[M].渠敬东,曹卫东,译.上海:上海人民出版社,2003:2—3.
② [德]霍克海默,阿多尔诺.启蒙的辩证法[M].渠敬东,曹卫东,译.上海:上海人民出版社,2003:3.
③ Gorz, A. *Ecology as Politics*[M]. Boston: South End Press, 1980, p.18.
④ Gorz, A. *Ecology as Politics*[M]. Boston: South End Press, 1980, p.19.

持续性。总的来看,技术理性的盛行和资本主义条件下技术的运用,必然导致人的总体异化以及自然的异化,要实现技术革新、技术进步和技术运用和人的发展,就要构建一种可持续的技术伦理。

(三) 资本逻辑下的利润追逐

19世纪,人类面临的问题是资本的巨大生产力效应及"商品拜物教""资本拜物教",即商品、货币、资本的主体化。20世纪以来,随着经济全球化渗透到社会各个领域,人们既享受着资本的巨大成就又感受到来自资本的痛苦。从马克思政治哲学视角分析资本主义制度下的不可持续问题,其根源是资本主义制度下资本逻辑下的利润追逐。英国的帕森斯在《格奥尔格·卢卡奇》中指出:卢卡奇"关于物化的观点多半应归于卢卡奇的货币哲学"①。齐美尔在《货币哲学》中运用康德的认识论考察了货币经济与文化的内在联系,揭示了货币经济对社会生活的影响。在资本主义社会中货币经济支配一切,货币成为目的本身,由此导致人与人之间的相互谋划和算计,"生活中经济关系的准确、精密、严格——自然会影响到生活的其他方面——与金钱事物的扩张携手并进,虽然它们对生活方式的高尚风格的形成并无裨益。唯有货币经济才给实践生活,或许甚至还有理论生活,带来了数字计算的理念"②。整个社会的人际关系呈现出日益疏远化的趋势。齐美尔认为造成这种疏远化的根源在于劳动分工。由于劳动分工,工人不再参与整个产品的生产过程,"他在劳动产品中再也不能发现自己被表现出来,产品的形式与所有个人心灵的东西都不相似,它似乎只是我

---

① [英]帕森斯.格奥尔格·卢卡奇[M].翁绍军,译.上海:上海人民出版社,1999:77.
② [德]齐美尔.货币哲学[M].陈戎女,等译.北京:华夏出版社,2002:359.

们的存在的一个非常片面的组成部分,对人的完整统一体漠不关心"①。劳动分工使劳动过程专业化,从而割裂了劳动与整个生产的内在联系,赋予产品以某种外在于人的独立性,最终造成人与人之间的疏离。齐美尔的上述观点使得当时的知识分子把疏远化作为批判资本主义的核心话语。

马克思从唯物主义立场认为,资本主义瓦解了传统社会的统一性。资本主义社会是以资本为轴心建立起的社会共同体。资本主义制度下的工人脱离了传统中的共同体,也失去了自己的土地等生活资料,只留下自己作为劳动力而存在,只有出卖自己的劳动力才能生存。资本家占有资本,在自由市场上与工人签订劳动合同,看似平等的交易,隐藏在背后的是对资本、对人的控制以及人对物的依赖。美国学者古尔德直接指出现代性所确立的所谓的自由的个人,并没有真正实现和摆脱资本的控制。资本作为抽象力量是资本主义社会中人们生活的"绝对存在",它主导着人与世界、人与人以及人与自身的关系。因此,资本的逻辑在根本上是一种社会关系的逻辑,人们在压抑的社会中生产和生活。

资本积累就是为了对人与自然形成双重奴役,打破人与自然之间的有机性。资本主义区别于其他制度的典型特征就是对资本积累下的价值的追求,资本增值是资本主义永无止境的动力源泉。高兹认为资本主义利润的动机必然破坏生态环境,"在资本主义的生产条件下,把这些要素联合在一起就能生产出最大的利润","任何一个企业都对获取利润感兴趣。这也就意味着资本家会更大限度地去控制自然资源,最大限度地增加投资以使自己作为强者存在于

---

① [德]齐美尔.货币哲学[M].陈戎女,等译.北京:华夏出版社,2002:369.

世界市场上"①。他说:"资本主义的企业管理首要关注的并不是如何通过实现生产与自然的平衡,生产与人的生活相协调,如何确保所生产的产品仅仅服务于公众为其自身所选择的目标来使劳动变得更加愉快。他所关注的主要是花最少量的成本而生产最大限度的交换价值。"②资本主义条件下的环境污染、资源枯竭、生态失衡都是无法避免的。

特别是随着科学技术的发展,资本家为了从市场竞争中获得超额剩余价值,就让资本和技术结合在一起,资本通过技术革新和技术进步来提高劳动生产率,增进资本积累。虽然由于技术革新和技术进步能够降低单位耗能,但是由于在资本主义社会技术运用是服从于资本追逐利润这一目的的,技术运用不可能遵循生态原则。因此,技术革新和技术进步不仅不会形成可持续发展,还会加速资本消耗和人与自然的矛盾。"将可持续发展仅仅局限于我们是否能在现有生产框架内开发出更高效率的技术是毫无意义的,这就好像把我们整个生产体制连同非理性、浪费和剥削进行了升级而已。"③在这样的价值观支配下,人们把自然看作是被动服从于人的欲望和需要的客观对象,人与自然之间的关系简化为支配和被支配、利用和被利用的关系,人的自由被看作是"技术支配自然的机械结果,是一种社会安排的结果。在这种社会安排下鼓励个体追求他的个人兴趣却丝毫不顾及对范围更广的自然和社会的影响"④。因而不可持续性的问题与资本主义制度以及生产方式关系密切。在利润的刺激下,资本主义生产不可能遵循

---

① Gorz, A. *Ecology as Politics* [M]. Boston: South End Press, 1980, p.5.
② Gorz, A. *Ecology as Politics* [M]. Boston: South End Press, 1980, p.5.
③ [美] 福斯特.生态危机与资本主义 [M].耿建新,宋兴无,译.上海:上海译文出版社,2006:95.
④ [美] 福斯特.生态危机与资本主义 [M].耿建新,宋兴无,译.上海:上海译文出版社,2006:44.

生态原则,它总是倾向于技术的运用和短期利益,它对环境问题的关注总是服从和服务于资本主义的生产目的。资本主义制度是反生态的,它关心的是如何通过市场交换来获取利润。

(四) 文化缺失下的异化消费

生态学马克思主义继承和发展了法兰克福学派对消费主义的批判。法兰克福学派对消费主义的批判主要体现为霍克海默和阿多尔诺在《启蒙辩证法》中提出的"文化工业论"和马尔库塞在《单向度的人》中提出的"真实需求"和"虚假需求"理论。所谓"文化工业"是当代西方社会借助科学技术大规模复制和传播文化产品的工业体系。在霍克海默和阿多尔诺看来,文化工业所制造的文化产品在本质上是以获取利润为目的特殊商品,具有标准化、一律化、大规模复制性和思想无深度、平面化的特点。其社会功能在于引导人们在无深度的文化产品的消费和娱乐放松中忘却一切思想和忧伤,进而丧失对现实社会的批判和反抗的能力。霍克海默、阿多尔诺在《启蒙辩证法》中阐述了文化工业对消费主义价值观的影响。文化工业的全部实践就在于把赤裸裸的盈利动机投放在各种文化形式上。这些文化形式一开始作为商品为它的作者在市场上谋生存的时候起,或多或少已经拥有这种性质。文化工业直截了当地把对于效用的精确和彻底的计算放在首位。文化工业以盈利为目的,并不会关注自然承受力和持续发展,而注重能否通过市场交换获得利润。人们在虚假的需求中享受着无深度和平面化的文化产品带来的放松感,人的批判、否定的意识形态功能被消解了。人们占有物品的目的与真正的需求相脱离,人们的消费并不是真正的合理需求,而是通过消费证明自己的幸福,因而毫无节制地消费。弗洛姆指出:"在高消费的诱惑下,每个人不顾自己的支付

第三章　当代可持续意识的相关问题及原因分析

能力尽可能消费。"①人们把自然看作是满足自身需要的工具,从而蔑视自然和滥用自然。弗洛姆的思想后来对生态马克思主义产生了重要影响,它们从异化消费为起点认为当代西方资本主义社会从生产领域转向消费领域,消费主义价值观的盛行导致了资本主义生态危机,不利于可持续发展,特别是造成人的异化以及人与自然的对立。

人的异化消费导致了人的异化的生存方式,在资本驱动下,为了追求利润,生产者利用媒体和广告宣扬消费主义价值观并扩大再生产,而人们在劳动中感觉不到快乐,"劳动中缺乏自我表达的自由和意图,就会使人逐渐变得越来越柔弱并依附于消费行为"②。人们为了补偿自己那种单调乏味的、非创造性的劳动而致力于获得一种享受消费,因而人们的消费行为被资本所控制和引导。资本主义生产体系通过扩张,给人们提供种类繁多的商品,人们通过消费享受兴奋感。人们觉得是否成功取决于对商品的占有和消费,"成功不再是关于一个人评价的事情,也不是一个生活品质的问题,而是主要看所挣的钱和所积累的财富的多少"③。这种消费主义导致了物欲至上的价值取向,强化人对自然的占有。人们的不满足的欲望意味着征服自然没有终点,这样不顾及自然承受力的消费主义观念导致了社会的不可持续性。

---

① [美]弗洛姆.健全的社会[M].欧阳谦,译.北京:中国文联出版公司,1988:106—107.
② [加]阿格尔.西方马克思主义概论[M].慎之,译.北京:中国人民大学出版社,1991:494.
③ Gorz, A. *Critique of Economic Reason*[M]. London: Verso, 1989: 113.

当代可持续意识
构建研究

第四章
可持续思想探析与文化嬗变

构建可持续意识是为了实现人、社会与自然和谐共生。深入反思当前人类的生存方式对人的可持续发展造成的困扰,对于实现人、社会与自然的互生共存具有重要意义。

一、西方的可持续思想探源及嬗变

马克思指出:"一切已死的先辈们的传统,像梦魇一样纠缠着活人的头脑。"①人类社会文明都是在一代一代的传承、积淀中发展起来的,任何文明都具有传统文化的根脉。可持续思想关注人类的生存和发展,作为一种理论,它为全人类所共同关注。中国传统儒家的"天人合一"思想、道家的"道生万物"思想和佛家的"众生平等"思想都蕴含了可持续思想;而西方古希腊哲学家柏拉图、亚里士多德、苏格拉底等都具有可持续思想,中世纪基督教的禁欲主义思想和近现代的生物中心主义伦理学、生态中心主义环境伦理学等也都蕴含可持续思想。虽然由于资料的阙如,难以清晰而又完整地描述古今中外可持续思想的整体面貌,但可持续思想在人类历史进程中也经历着流变。

(一)古希腊的可持续思想及其发展

可持续意识作为一种理论是从西方传过来的,对于中国来说可持

---

① 马克思恩格斯文集(第2卷)[M].北京:人民出版社,2009:471.

续意识是一种"舶来品"。可持续思想的西方身份决定了:我们要探讨可持续思想的构建问题,就要从西方理论入手。英语中,"可持续"可译为 sustainable,其含义是指能够把某种模式和状态在时间上延续下去。可持续思想是人对自然的关切,是为人类自身的存在寻求安身立命之本,更是从深层文化的现实性去关切人类的存在,规范人类的思想与行为。古希腊哲学家们对自然世界及自然哲学的研究颇丰,这可以看作可持续意识的开端。

1. 原始社会的图腾崇拜

原始社会的图腾崇拜是人们对自然的一种顺从,期冀实现人与自然的和谐统一。随着生产力的发展,原始社会的图腾崇拜及原始思维中的"物我同一"转变为了"人是自然的一部分"。人们认为自然是具有法则性的,并从整体的角度理解人与自然的关系,认为整个自然界是不变的永恒的"一",各种被感知的存在物都从"一"而生,并复归于"一"。柯林伍德在《自然的观念》中指出:"希腊自然科学是建立在自然界渗透或充满心灵这个原理之上的。希腊思想家把自然中心灵的存在当作自然界规则或秩序的源泉,而正是后者的存在才使自然科学成为可能。他们把自然界看作是一个运动体的世界。运动体自身的运动,按照希腊人的观念,是由于活力或灵魂。……他们设想,心灵在他所有的表现形式(无论是人类事务还是别的)中,都是一个立法者,一个支配和调节的因素。它把秩序先加于自身再加于从属于它的所有事务,亦即,首要的是自身的躯体,其次是躯体的环境。由于自然界不仅是一个运动不息从而充满活力的世界,而且是有秩序和有规则的世界,他们理所当然地就会说,自然界不仅是活的而且是有理智的;不仅是一个自身有灵魂或生命的巨大动物,而且是一个自身有心灵的理性动物。居住在地球表面及其邻近区域的造物,其生命和理智——他们争辩说——代表了这种充满活力和理性机体的一个特定部分。这样,按照他们的观念,一种植物或动物如同它们在物质上分有世界'躯体'的物理机体那样,也依它们自身的等级,在心理上分有世界灵魂的生命历程,以及在理智上分有世界心灵的活动。"①古希腊人认为人与自然世界都遵循共同的活动原则和生命准则,人作为小宇宙要同自然世界这个大宇宙的运行秩序相统一,人是自然的一部分。原始的图腾崇拜是最早的可持续思想的萌芽,是人们在原始蒙昧状态下人与自然统一思想的雏形。

2. 柏拉图与亚里士多德的可持续思想

在西方伦理思想史上,柏拉图是一个具有开创性意义的人物。柏拉图认为自然世界是由创造者按照一个原型创造出来的,"这个原型本身则是永恒不变的,没有生成,也没有毁灭,它能够自我运动,因而是不朽的,属于活的有理性的世界灵魂,并主宰着整个被创造的世界。被创造的整个世界作为摹本是模仿世界灵魂而存在的,因而自然世界本身也是拥有灵魂、拥有理智的有机存在物"②。创造者在创造世界时"他便把理性放到灵魂里去,把灵魂放在身体里去,这样,他所创造出来的作品才能够在性质上是最美的和最好的。因此,根据近似的或概然性的说法,我们可以宣布这个世界是由于神的天道把它当作一个赋有灵魂和理智的生物而产生出来的"③。柏拉图认为"人是由创造者按照它自身的理性创造了人的理性灵魂,然后再由低级的神创造人的灵魂的非理性部分,然后用水、火、气、土构造人的肉体"④。同时柏拉图特别重视人自身内部的和谐秩序,认为有"德性的生活或真正幸福的生活是灵魂中理性、意志和情欲三个部分协调一致的生活。他提出,人的灵魂由理性、意志和情欲三个部分所组成,其中每一个因素都

---

① [英]罗宾·柯林伍德.自然的观念[M].吴国盛,柯映红,译.北京:华夏出版社,1999:4.
② 曹孟勤.人向自然的生成[M].上海:上海三联书店,2012:116.
③ 北京大学哲学系外国哲学史教研室.古希腊罗马哲学[M].上海:三联书店,1957:209.
④ 曹孟勤.人向自然的生成[M].上海:上海三联书店,2012:116.

在个人生活和行为中发挥一定的功能和作用,并相应地产生三种美德。理性居统率地位,其功用是发号施令、指挥意志和情欲;当理性做到了对意志和情欲的主宰,便使人具有了智慧的美德。意志是根据理性的要求而行动,并协助理性管理情欲;意志充分发挥了这种功能,人便成就了勇敢的美德。情欲的唯一功用便是对理性和意志的服从,当人克制了自己的情欲,便产生了节制的美德。灵魂中这三部分各得其所、各安其位、各司其职并处于和谐状态时,就产生了第四种美德,即正义。正义是对三种美德达到最高境界的表达,是灵魂三个因素履行自己义务的表现。没有正义,其他美德也就失去了最高目的"[1]。柏拉图从人的幸福生活角度认为,人通过对自身的控制和调节,可以控制其行为和个人生活,这个过程必然包含着人与自然的关系,只有能与自然和谐相处,才能实现真正的人类幸福。

亚里士多德坚持柏拉图的理念,把整个自然世界看作一个自我运动的活的有机体。亚里士多德的可持续思想认为人对自然界和对自然存在道德义务、道德关怀。亚里士多德认为:"德性确定争取的目标","德性使选择正确"。即人的德性对人的行为具有决定性的作用。德性不仅局限在人与人的关系,也可以扩展到人与自然的关系。人对自然界作出道德承诺的前提是人首先对自己作出道德承诺。人只有对自己的存在负责,他才有可能对自己作出道德承诺,才能对自然存在物的存在负责。同时亚里士多德认为"任何本己的东西,自然就是最强大、最可喜的东西。对人来说就是合于理智的生活,所以,这种生活就是最大的幸福"[2]。但他认为,人们不应该把幸福寄托于理念世界中,而应该落实在现实生活上,幸福生活不排斥也不否认世俗

---

[1] 曹孟勤.人向自然的生成[M].上海:上海三联书店,2012:90—91.
[2] [古希腊]亚里士多德.尼可马科伦理学[M].苗力田,译.北京:中国社会科学出版社,1999:233.

生活的意义。在亚里士多德看来,幸福的生活就是不偏不倚、中庸适度的中道生活。所谓"中道"就是适度、适中。"凡行为共有三种倾向;其中两种是恶,即过度和不及;另一种是德性,即遵守中道。"① 对物质生活的中道而言,亚里士多德认为是节俭。在他看来,无论是吝啬还是奢侈都不具有工具合理性与道德正当性,只有节俭才属于善。节俭作为一种美德即节制欲望,约束不必要的浪费又注意满足需要,避免陷入禁欲主义的泥潭。由此可见,亚里士多德强调的理性的幸福生活即是"神性的生活",也是平凡的生活。人们在节俭思想的指引下会自觉控制自己的行为,这既是个人德性的体现,又是人的幸福生活的追求。

从以上的分析可以看出,古希腊哲人认为人虽然是理性的存在物,但人是能够控制自己的理性的个体。追求物质享乐和感官欲望的满足是人的自然本性,但是谋求理性的生活,即能使理智与情欲和谐一致则是人之为人的生活。物质享乐与感官欲望的满足应该被理性限制在一个合理的范围,从而既获得物质享受又能使精神充满快乐,即不奢侈也不吝啬,这是人应该尊崇的美德。人的节俭是在满足自己正常需求的同时不造成资源浪费,这样的意识在人与自然接触的过程中,既可满足人的幸福生活又能实现社会的持续发展。

(二) 基督教的可持续思想

中世纪,西方可持续思想得到进一步发展和具体化。宗教意义上的可持续思想在相当长的时间里是西方可持续思想的核心,宗教信仰对可持续思想的形成和发展具有重要意义。基督教的可持续思想以

---

① 周辅成.西方伦理学名著选辑[M].北京:商务印书馆,1964:301.

基督教神学为基础,主要体现在《圣经》、历代基督教信条及其神学家的著作中。

1. 三位一体的整体思想

"三位一体"的术语最早由德尔图良①使用,奥古斯丁进一步论证了三位一体说,强调其合一性,认为三位完全等同。三位是指圣父、圣子、圣灵,他们的关系是平等并相互依存的。"圣父、圣子、圣灵的无限团契。整个宇宙是从这一神圣的关系性的相互作用中流溢出来的。"②三位一体的上帝观念是基督教正统信仰,深深地影响了西方人对人与自然关系的看法,"要照所安排的,在日期满足的时候,使天上地上一切所有的,都在基督里面同归于一"③。《圣经》在救世中描述了宇宙一些事物之间的浪漫性和谐:人与人之间的和谐、人与自然之间的和谐,以及最终上帝与所有存在之间的和谐。

2. 基督教中保护自然的思想

基督教认为上帝创造了人和万物,人是上帝的化身,可以管理自然万物,但是"上帝不只对自然界的伟大设计感到兴趣,而且也关心其中每一个成员。他是在告诉我们,上帝创造每一样,且每一样各有用途,也各有尊严"④。基督教认为上帝创造了万物并宣称它们都是一样平等的。人们有责任和义务保护上帝所创造的每一物种。为了保存物种,上帝赐给它们食物,这体现了上帝对人和其他物种的关爱。上帝在创造万物后,"将遍地上一切种子的菜蔬,和一切树上所结有核的果子"⑤赐给人类做食物,并将青草赐给地上有生命的生物做食物。这说明上帝所创造的一切实际上都是好的,并暗示上帝所创造的一切

---

① 《圣经·约翰福音》10:30.
② 安希孟.自然生态学与基督教神学[C]//何光沪,许志伟.对话二:儒释道与基督教.北京:社会科学文献出版社,2001:317.
③ 《圣经·以弗所书》1:10.
④ [英]纪博逊.旧约圣经注释[M].马鸿逊,译.上海:中国基督教协会,2001:42.
⑤ 《圣经·创世说》1:29.

活物应当和睦相处,亚当、夏娃被上帝逐出伊甸园,从生态学的观点看,这是上帝对人类破坏了他所创造的宇宙秩序的惩罚。"世界在神面前败坏,地上充满了强暴。"①上帝为了惩罚人类,决定罚大洪水来毁灭人类。但是上帝用洪水灭世选了挪亚,让他造了方舟,并吩咐他全家上方舟,并带上"洁净的畜类和不洁净的畜类,飞鸟并地上一切的昆虫。都是一对一对地,有公有母"。"他们和百兽,各从其类;一切牲畜,各从其类;爬在地上的昆虫,各从其类;一切禽鸟,各从其类,都进入方舟"②。这是上帝对人类和生命物种的保护。

3. 人是自然的一部分

根据《创世说》上帝按照自己的形象创造了人,因此人也有别于其他创造物,但是人与其他自然创造物是在同一个世界的。伊甸园里绿树成荫,有青草,有流水,有飞鸟,有走兽。亚当、夏娃住在伊甸园中与大自然相伴,自由自在。基督教中人与自然和谐的思想具有宗教神学的意蕴。人与自然和谐必须遵循上帝的诫命。上帝说:"你们若遵行我的律例,谨守我的诫命,我就给你们降下时雨,叫地生出土产,田野的树木结果子。你们打粮食要打到摘葡萄的时候,摘葡萄要摘到撒种的时候,并且要吃得饱足,在你们的地上安然居住。我要赐平安在你们的地上,你们躺卧,无人惊吓。我要叫恶兽从你们的土地上息灭,刀剑也必不经过你们的地。"③在《圣经》中,如果人不能遵循上帝的旨意,就是破坏了人与自然的和谐关系。在亚当和夏娃偷吃了禁果后,自然也就殃及了大地,上帝对亚当说:"地必为你的缘故受诅咒","地必给你长出荆棘和蒺藜来,你也要吃田间的菜蔬"④。这虽然具有宗教神学的色彩,但蕴含人与自然和谐的思想。

---

① 《圣经·创世说》6:11.
② 《圣经·创世说》7:8—9.
③ 《圣经·利末记》26:3—6.
④ 《圣经·创世说》3:18.

4. 禁欲主义下节俭的消费方式

历史学家汤因比指出:"如果滥用日益增长的技术力量,人类将置大地母亲于死地;如果克服了那导致自我毁灭的放肆的贪欲,人类则能够使她重返青春,而人类的贪欲正在使伟大母亲的生命之果——包括人类在内的一切生命造物付出代价。何去何从,这就是今天人类所面临的斯芬克斯之谜。"① 人类通过物质生产而实现消费,对自然界产生重大影响。消费是生产的目的,生产决定消费。反过来,消费又决定生产。合理的欲望是个人与社会发展的动力。放纵欲望不知满足地追求物质财富和感官享受,对地球有限的自然资源、脆弱的生态环境以及子孙后代的生存构成极大威胁。在当代,人类对环境的污染和破坏分为生产活动和生活活动两类。1992年联合国环境与发展大会通过的《21世纪议程》就指出:"地球所面临的最严重的问题之一,就是不适当的消费和生产模式,导致环境恶化、贫困加剧和各国发展失衡。"② 它呼吁更加重视消费问题。"可持续消费"的权威定义见于1994年联合国环境规划署的报告《可持续消费政策因素》,其中将可持续消费定义为"提供服务以及相关产品以满足人类的基本需求,提高生活质量,同时使自然资源和有毒材料的使用量减少,使服务和产品的生命周期中所产生的废物和污染物最少,从而不危及后代的需求"③。人的消费方式从深层次来说是人生价值的实现。要树立正确的消费观念,关键是要树立正确的人生价值观。为了维持人、社会与自然的和谐,使人类社会可持续发展,人类必须抛弃那种过度消费的价值观,树立适度消费观念。适度消费提倡过简朴的生活,节约使用自然资源,这是以提高生活质量为中心的更高层次的生活结构。正如

---

① [英]汤因比.人类与大地母亲[M].徐波,等译.上海:上海人民出版社,1992:735.
② 中国环境报社.迈向21世纪[M].北京:中国环境科学出版社,1992:8.
③ 佘谋昌.生态伦理学:从理论走向实践[M].北京:首都师范大学出版社,1999:32.

深层生态学指出的:"改变后的意识形态将主要关注生活的质量,而不再追求越来越高的生活消费水平;它将使人意识到数量上的多与质量上的好之间的实质差别。"①基督教的禁欲主义提倡适度节俭的消费观念,是可持续消费观念的理论雏形。

基督教的禁欲主义主要包含摒弃情欲、摒弃财富、摒弃现世生活三个方面,主张节制和自我约束。《约翰一书》说:"不要爱世界和世界上的事。人若爱世界,爱父的心就不在他里面了。因为凡世界上的事,就像肉体的情欲,眼目的情欲,并今生的骄傲,都不是从父来的,乃是从世界来的。这世界和其上的情欲都要过去,唯独遵行神旨意的,是永远常存。"②《彼得前书》中,彼得要求人们拒绝尘世的财富与享乐,抑制情欲以达到精神解脱、灵魂得救或道德完善的目的。到16世纪,马丁·路德为代表的信教人员可以过结婚的生活,但是禁欲主义并没有消失,主张在现实中推行禁欲精神,达到一种"主动性自我克制",倡导吃苦耐劳、勤俭节约,反对铺张浪费,最重要的是反对"任何无节制的人生享乐,无论它表现为贵族的体育活动还是平民百姓在舞场或酒店里的纵情狂欢,都会驱使人舍弃职守,背离宗教,因此理应成为理性禁欲主义的仇敌"③。禁欲主义"严厉地斥责把追求财富作为自身目的行为;但是,如果财富是从事一项职业而获得的劳动成果,那么财富的获得便又是上帝祝福的标志了","那些尽最大可能去获取、去节俭的人,也应该是能够奉献一切的人,这样才能获得更多的恩宠,在天国备下一笔资财"④。这样禁欲主义的行为直接影响到资本主义生活方式的发展。马克斯·韦伯说:"这种世俗的新教禁欲主义与自发的财产享

---

① 何怀宏.生态伦理:精神资源与哲学基础[M].石家庄:河北大学出版社,2002:492.
② 《圣经·约翰一书》2:15—17.
③ [德]马克斯·韦伯.新教伦理与资本主义精神[C]//万俊人.20世纪西方伦理学经典(三).北京:中国人民大学出版社,2004:28.
④ [德]马克斯·韦伯.新教伦理与资本主义精神[C]//万俊人.20世纪西方伦理学经典(三).北京:中国人民大学出版社,2004:32.

受强烈地对抗着;它束缚着消费,尤其是奢侈品的消费。而另一方面,它又有着把获取财产从传统伦理的禁锢中解脱出来的心理效果。它使获利冲动合法化,而且把它看做上帝的直接愿望。"①这样的禁欲主义对可持续发展具有重要作用,虽具有宗教色彩,但能约束人的行为,有效地抑制了人们的奢侈消费和过度消费,有利于资源的节约和保护。

(三) 近代西方可持续思想的发展

在西方可持续思想萌芽于17、18世纪而在20世纪70年代开始盛行。在这期间出现了《瓦尔登湖》《沙乡年鉴》《敬畏生命》《寂静的春天》等一系列关于人类社会可持续发展的经典著作,而《大自然的权利》在一定程度上影响了人们对可持续意识的认识。因此,《大自然的权利》是体现可持续意识的重要著作之一,阐述了20世纪末环境主义思想家和行动主义者的思想观念。纳什认为:"伦理学应从只关心人扩展到关心动物、植物、岩石,甚至一般意义上的大自然或环境。思考这个问题的一种方式,是考察伦理学从关心人类特定群体的天赋权利到关心大自然中的部分存在物或所有自然物的权利的进化过程。"②纳什从天赋权利出发,认为不仅人类拥有天赋权利,就连动物、植物、岩石,乃至自然整体都拥有自身的权利。整个西方生态伦理的发展随着权利概念的外延的延伸,展现为人类中心论、动物解放论、生物中心论和大地伦理等。虽然纳什的理论在生态伦理学中获得热烈的追捧,但是并没有赢得所有学者的认可,有些学者对于自然权利这个概念表示怀疑。反生态主义者约尔·范伯格认为,一个存在物只有拥有受益或受害的能力

---

① [德]马克斯·韦伯.新教伦理与资本主义精神[C]//万俊人.20世纪西方伦理学经典(三).北京:中国人民大学出版社,2004:29—30.
② [美]纳什.大自然的权利:环境伦理史[M].杨通进,译.青岛:青岛出版社,2005:3.

才有权利可言,动物、植物都缺乏足够的认知能力,不能意识到它们自己的需要和利益,有机生物尚且如此,无机生物更是自不待言。就连罗尔斯顿也对自然拥有权利的思想持否定态度。按照麦金太尔的考证,权利是一个彻头彻尾的现代概念,"在中世纪临近结束之前的任何古代或中世纪语言中,都没有可以恰当地译作我们说的一种权利的表达,也就是说1400年以前,在古典的或中世纪的希伯来语、希腊语、拉丁语和阿拉伯语中,没有任何恰当的说法可以用来表达这一概念,更不用说古英语了,在日语中,甚至到了19世纪中叶仍然是这种情况"①。在现代社会中被马克思誉为世界上第一个人权宣言的《独立宣言》首次将尊重人的权利确定为一条基本原则,它把权利和平等放在同等地位。现代社会中,平等构成了权利的起点,而权利则构成平等的归宿。

以平等为基础的权利观念确实在现代社会中为人的自由解放以及人权保障方面发挥了重要作用,但权利至上的权利意识泛滥有时也会带来巨大的社会问题。我们拥有的权利越多,就意味着他者享有的权利越少。权利本身意味着主体之间的冲突与对立。20世纪20年代以后,一批生态思想家发动了一场绿色革命,他们猛烈抨击对自然的征服和掠夺行为。从哲学高度重建人与自然的关系,出现利奥波德、巴里·康芒纳等思想家。其中利奥波德的大地伦理思想具有时代前瞻性和学术前沿性。罗尔斯宣称他是"一个走向荒野的哲学家",希望人们既要有文化气质又要有荒野情怀和泥土气息。这种哲学荒野的走向引发了敬畏生命、大地伦理和动物解放等观点的讨论。这表明人类对生存问题的关注逐步进入到一个更加全面、更加系统的新层次。

1. 敬畏生命的理念

1923年,施韦兹在《文明的哲学:文化与伦理学》中提出了敬畏生

---

① [美]麦金太尔.德性之后[M].龚群,戴扬毅,译.北京:中国社会科学出版社,1995:88—89.

命的伦理学,为现代西方生态伦理学奠定了基础。他认为我们的伦理从"敬畏生命"开始,所谓敬畏生命就是敬畏每个想生存下去的生命,如同敬畏他自己的生命一样。这扩展了伦理学过去认为的道德只涉及人对人的行为,是人际关系的伦理学。这个理念在后期被泰勒发展为生物平等主义伦理学。1986年,泰勒的《尊重自然:一种环境伦理学理论》被评价为"进行了有关生物中心主义伦理方面最完全的在哲学上最复杂的论证"。这种世界观从可持续观念意识上认为人是地球生物共同体的成员,人与其他生物起源于共同的生物进化过程,共享地球生态资源。自然界是一个相互依赖的系统,人与其他物种是这个系统的有机构成要素。人并非天生就比其他生命优越,每一个物种拥有同等的天赋价值,有机体的内在价值没有谁比谁更优越,应当接受"物种平等"的原理。因此,"一种行为是否正确,一种品质在道德上是否善良,取决于它们是否展现或体现尊重大自然这一终极性的道德态度"。泰勒从尊重生命出发提出尊重生命的四个原则:一是不作恶的原则。不要伤害自然环境中所拥有自己"善"的实体,包括不做严重危害有机体、种群和生命共同体的利益的行为,不杀害有机体,不毁灭种群或生命共同体。二是不干涉的原则。大自然中发生的一切都没有错,应以"自然之手"控制和管理一切,我们不应试图去操纵、控制、修改和管理自然生态系统,亦不应干预它的正常运行。三是忠诚的原则。要求我们不要打破野生动物对我们的"信任",不要让动物对我们的希望落空。四是补偿正义的原则。人们常常以牺牲其他生命的利益为代价实现自己的福利,为此人有对其他生命"补偿正义"的义务,并承担保护和恢复生态平衡所需的费用[①]。

2. 大地伦理的召唤

大地伦理是一种新的伦理,它将伦理学正当行为的概念扩展到对

---

① 黄承梁,余谋昌.生态文明:人类社会全面转型[M].北京:中共中央党校出版社,2010:145.

自然界本身的关心,从而协调人与大地的关系。此外,在道德上,权利概念扩展到自然界的实体并赋予它们永续存在的权利。大地伦理是著名的生态学家利奥波德提出的。1933年,他发表的《大地伦理》被评价为"拓宽道德研究范围,实现伦理观念的变革"的著作。利奥波德认为大地伦理学能改变人在自然中的地位。在利奥波德的"大地共同体"概念中,人是这个共同体的一员,"事实上,人只是生物队伍中的一个成员的事实,已由对历史的生态学上的认识所证实了。很多历史事件,至今还都只以人类活动的角度认识所证实了。很多历史事件,至今还都只以人类活动的角度去认识,而事实上,它们都是人类和大地之间相互作用的结果"。因而人类必须重新考虑他们作为自然界的成员和公民的角色,人在自然界的恰当的地位,不是一个征服者的角色,也不是一个根据个人利益或经济利己主义,作出有关环境决定的经济企业主的角色,也不是人类家庭成本利益计算者的角色,而应当是大地自然界共同体中一个好公民的角色①。大地伦理学改变了人类的地位,认为人类应当尊重他的生物同伴,而且也应以同样的态度尊重大地社会。因此,利奥波德认为要把良心和义务扩大到自然界。人们要使自然界的一切有机体相互依存,人类自己的幸福取决于不破坏自然界的调节机制。利奥波德提出的大地伦理学的基本道德原则,与可持续道德意识具有内在一致性。"从什么是道德的,以及什么是道德权利,同时什么是经济上的应付手段的角度,去检验每一个问题。当一个事物有助于保护生物共同体的和谐、稳定和美丽的时候,它就是正确的,当它走向反面时,就是错误的。"②大地伦理从生态学的角度来说,是对生存竞争中行动自由的限制;从哲学观点来看,则是对社会和

---

① 黄承梁,余谋昌.生态文明:人类社会全面转型[M].北京:中共中央党校出版社,2010:146.
② 黄承梁,余谋昌.生态文明:人类社会全面转型[M].北京:中共中央党校出版社,2010:147.

反社会行为的鉴别。

大地伦理学的另一位重要代表是罗尔斯顿,他顿阐述了自然界的价值,把人类道德从人际领域扩展到人与自然的关系领域。他的《哲学走向荒野》被评价为"生态伦理学的划时代文献之一"。传统哲学不关注荒野,不承认荒野的价值,更不知道荒野所蕴含着的道德精神。罗尔斯顿认为荒野独立于人类,荒野自然界具有完整性,如果人们不认识它的完整性就去享用它,那是人类道德低下。罗尔斯顿在对如何评价荒野时提出:检验一个文化是否尽善尽美,不在于它是否能够消费自然价值,而在于它是否能够明智地选择它的社会价值,是否保留荒野。罗尔斯顿虽然没有直接提出可持续意识的观念,但是他所构建的新的伦理学就是为了实现人类的可持续发展。他指出人际伦理学已经花了两千年时间来唤醒人的尊严。在我们走向新的一千年之际,环境伦理学要求人们意识到在地球上那个更为伟大的生命进化过程中,人只是一部分。在这里并不是简单地把人际伦理应用到环境事务中去。从终极的意义上说,环境伦理学既不是关于资源使用的伦理学,也不是关于利益和代价以及它们的公正分配的伦理学;也不是关于危险、污染程度、权利与侵权、后代的需要以及其他问题的伦理学。这种伦理学要求人类能以更加宽广的胸襟关心所有生命和非人类存在物,它要求人类生存是以对生命的爱为原则,尊重生命,把地球看作是人与其他生命的共同家园①。

3. 动物解放的觉醒观念

动物解放的觉醒观念又称为尊重感觉的伦理学,主张解放动物,给予动物平等的权利。主要代表人物是澳大利亚哲学家辛格。辛格认为将动物排除在道德考虑之外的行为,类似于种族主义和性别歧视

---

① 黄承梁,余谋昌.生态文明:人类社会全面转型[M].北京:中共中央党校出版社,2010:148.

主义,这种观点是错误的。1975 年,辛格的《动物解放:我们对待动物的一种新伦理学》认为凡是有苦乐感受能力的存在物都有资格成为道德权利的客体。这种伦理学称为"尊重感觉的伦理学"。动物权利的伦理学是从可持续的责任意识层面,把尊重动物的权利、保护动物的利益与当代尊重和捍卫妇女、黑人和同性恋者的权利等联系起来。辛格主张平等地考虑人和动物的利益,认为两者的利益是同等重要的。如果主张为了人类的利益可以牺牲动物的基本利益,实际上这是犯了一种与种族歧视和性别歧视相类似的错误。因而他提出"动物解放"的口号,认为当代解放运动要求我们扩展自己的道德视野和道德应用的范围,实行一种新的伦理学[1]。

在辛格看来所有动物都是平等的,平等的基本原则是"关心的平等"。辛格以"利益"来解说动物的道德地位,毫无疑问,每一种有感觉能力的存在物都有能力过一种较为幸福或较不痛苦的生活,因而也拥有某种人类应予关心的权益。在这方面,人类与非人类动物之间并不存在一条泾渭分明的分界线。但是,他认为,动物权利的道德基础,是动物具有感受痛苦、愉快和幸福的能力,因而它才是判断道德与否的尺度[2]。感受苦乐的能力是一个存在物获得道德权利的根本特征,辛格认为我们生活中应当限制为了自己的舒适而增加动物痛苦的行为,他说:"我们得在对待动物的态度上来一个根本的转变,包括饮食结构、农业方式、科学领域的实验方案,还有对荒野、狩猎、陷阱的看法和穿戴动物皮毛的看法,还有马戏团、围猎场及动物园等的看法。总之,大量的痛苦是可以避免的。"[3]辛格认为所有动物个体都有平等的权利,因而他的观点也可以纳入生物中心主义伦理学。

---

[1] 黄承梁,余谋昌.生态文明:人类社会全面转型[M].北京:中共中央党校出版社,2010:140.
[2] 黄承梁,余谋昌.生态文明:人类社会全面转型[M].北京:中共中央党校出版社,2010:140.
[3] [美] 贾丁斯.环境伦理学[M].林官明,等译.北京:北京大学出版社,2002:128.

二、中国传统可持续思想探源及价值

从中国传统文化的发展脉络来看，人与自然和谐发展是一以贯之的，并与现实联系在一起，虽然中国传统文化中没有直接提出可持续思想，但是蕴含丰富深刻的关于人与生命、人与自然关系的思想。儒家的"天人合一"、道家的"道生万物"、佛家的"众生平等"都提倡一种必须和自然保持协调的生存观念。

（一）儒家"天人合一"的可持续思想

1."三位一体"的整体思想

可持续思想旨在实现人、社会与自然的和谐统一，与儒家的"天人合一"思想相一致。"天人合一"思想起源于没有文字记载的伏羲氏时代。《易经·系辞下传》："古者包牺氏之王天下也，仰则观象于天，俯则观法于地，观鸟兽之文与地之宜，近取诸身，远取诸物，于是始作八卦，以通神明之德，以类万物之情。"上象征天，下象征地，中间象征人，构成天地人三才，这是最早关于天人合一的说法。儒家认为天就是自然界，孔子的《论语·阳货篇》提出："天何言哉？四时行焉，百物生焉。"认为"天"创造了人与自然界，使四时运行、万物生长。孟子以"诚"作为天人

第四章 可持续思想探析与文化嬗变

合一的理性目标,"诚身有道,不明乎善,不诚其身矣。是故诚者,天之道也"。汉代董仲舒云:"事物各顺于名,名各顺于天。天人之际,合而为一。"他提出"独尊儒术",第一次明确提出天与人"合而为一"。宋代张载提出:"儒者则因明至诚,因诚至明,故天人合一。"人和万物都是天地所生,人民是我的同胞兄弟,万物是我的伙伴朋友,人与自然是统一整体。宋儒以程颢、程颐和朱熹为代表,他们在生生不息的天道中,阴阳二气化生,产生天地万物和人,发展了"天人合一"思想。清代的王夫之发展张载的思想,认为天地人一体,人与自然是不可分割的。古代哲学家对"天人合一"有不同的解说,如"天人相通""天人相类""天人相调""天人感应"等,无论采用何种说法,都强调人与自然的和谐。张岱年先生认为"天人合一"就是人是天地生成的,人和天是部分和整体的关系,人与自然应该和谐相处。因此,儒家的"天人合一"思想与可持续思想具有内在一致性。儒家提出"天人相分",探讨了人与自然是宇宙的两个重要的组成部分,自然有自己的规律性,人应该尊重自然规律。荀子提出:"大天而思之,孰与物畜而制之;从天而颂之,孰与制天命而用之!望时而待之,孰与应时而使之!因物而多之,孰与骋能而化之!思物而物之,孰与理物而勿失之也!愿于物之所生,孰与有物之所以成!"

儒家世界结构模式强调"三才者,天地人",天是天地万物的一部分,天、地、人既相互独立,又紧密联系;它们相互作用、相互依赖,构成"人—社会—自然"的复合生态系统。《周易·系辞上传》:"易以天地准,故能弥纶天地之道。仰以观于天文,俯以察于地理。是故知幽明之故……以天地相似,故不违。"天地人有自己的规律,要研究天的法则、地的法则、人的法则,人类行为要遵循自然发展,以实现人类的目标,就是所谓的"天地之道"。儒学把"大"与"久"的思想结合起来,强调发展和可持续性的统一。《周易·大壮卦》云:"大壮,大者壮也。刚以动,固壮。大壮利贞;大者正也。正大而天地之情可见矣。"所谓

"大壮"就是人类的事业追求发展,发展是大,是正,就是正大。"久"是实现"大"的前提,只有"久"才能坚持发展,《周易》云:"久于其道也,天地之道,恒久而不已也。"节制能够实现"久"和"大",达到"天地之情"。"大"和"久"是圣人之业,又是圣人之道。《周易·系辞上传》云:"乾以易知,坤以简能。易则易和,简则易从。易知则有亲,易从则有功。有亲则可久,有功则可大。"在儒家看来,有才能的人的智慧不断壮大、持续发展。当前我们的可持续发展就是"大"和"久"的统一,是人类发展的价值目标。儒家的"阴阳消长"指出可持续发展的道路。《黄帝内经·素问》云:"阴阳者,天地之道也,万物之纲纪,变化之父母,生杀之本始,神明之府也。"世界上一切现象都可以用阴阳变化来说明,万物都有阴阳,天是阴阳交互的法则。"阴阳消长"揭示事物循环运动的规律,没有循环就不可能有无限性,不可能持续发展。

2. 天地之性和为贵

儒学提倡"天下为公"的大同思想,"和"是儒学的精髓。"和"最早产生于西周末年,史伯提出"和实生物,同则不继"的深刻思想,主张世界是多样性的统一,这是"和"的经典思想。"和,故生万物"。无论人、自然、社会,还是道德伦理、价值观念等都贯穿着"和"的思想。《礼记》云:"乐者,天地之和也。礼者,天地之序也。和,故百物皆化。"《吕氏春秋》云:"凡乐,天地之和,阴阳之调也。"和是一种行为目标,又是一种行为方式,追求事物"各得其所""求同存异"。中国哲学家张岱年认为"和"是人生最高境界,"中国文化与西方文化相比,西方比较注重斗争,中国比较注重和谐;以人与自然的关系而言,西方强调征服自然,中国宣扬和睦相处。事实上,人与自然之间,既有对立,又有统一;人与人之间,既在斗争竞胜,又须和平共处"[1]。"和"的目

---

[1] 张岱年.文化与价值[M].北京:新华出版社,2004:209.

标是"为万事开太平"。张载云:"为天地立心,为生民立命,为往圣继绝学,为万世开太平。"冯友兰对此高度赞赏,认为"为天地立心"就是自然创造了地球上的山河大地,人为天地立心,创造了历史文化。

(二)道家"道生自然"的可持续思想

1."道"创造天、地、人和万物

老子的《道德经》把"道"视为宇宙的本源,认为它先于天地存在。"天地万物生于有,有生于无",天地有始,万物有母,它不是别的,就是"道"。"道"是天地万物之始,它产生天地万物。"道"是万物的根源,它创造了天、地、人,道家统称为"四大"。《道德经》云:"有物混成,先天地生。寂兮寥兮,独立而不改,周行而不殆,可以为天地母。吾不知其名,强字之曰'道',强为之名曰'大'。大曰逝,逝曰远,远曰反。故道大,天大,地大,人亦大。域中有四大,而人居其一焉。"老子认为"道"创造了天、地、人,人只是其中之一。"人法天,天法道,道法自然"。因此,天、地、人都是"道"所生,人是自然的一部分,必须服从天的法则、地的法则和自然的法则。"道"是自然最高的存在,它具有最高的价值。

2."万物莫不有"思想

道家关注人与自然,肯定自然的工具性价值,又认可自然的内在价值。老子曰:"大道乏兮,其可左右,万物恃之以生而不辞,功成而名不有。"意思是说,道虽然看不见、听不着、说不出,但它创造万物,养育万物,只要人不贪婪,它就可以被无穷无尽地利用,人人都能过上安静祥和的生活。"无"和"有"是什么?道家认为"有"是物质,"无"是虚空,即物质与空间,两者结合起来就有"利"和"用"。以车轮、器皿和房屋为例,武器对人用功用,武器的价值产生于它的空间。庄子认为天下万物千变万化,都由"无"所生,具有价值。"有"是物质,是自然价值。它对人有用,即"有之以利"。"常无欲以观其妙,常有欲以观其徼。"即只有人才用无意识来发现事物的奥妙,用有意识来划分边界。"有"是自然的外在价值,"无"是自然的内在价值。自然价值论者认为自然价值分为内在价值和外在价值。《庄子·秋水》有这样的一个故事:庄子与惠子游于濠梁之上。庄子曰:"儵鱼出游从容,是鱼之乐也。"惠子曰:"子非鱼,安知鱼之乐?"庄子曰:"子非我,安知我不知鱼之乐?"惠子曰:"我非子,固不知子矣;子固非鱼也,子之不知鱼之乐,全矣!"庄子曰:"请循其本。子曰'汝安知鱼乐'云者,既已知吾知之而问我。我知之濠上也。"惠子认为庄子不是鱼,当然不知道鱼的快乐。但庄子说我虽然不是鱼,可知道鱼的快乐,这是在濠水的桥上知道的,我看见鱼悠闲自得地游来游去,这是鱼的快乐。在这里,人作为评价主体可以而且需要评价自然具有的内在价值。正如庄子认为虽然我们不是鱼,但是可以知道鱼快乐,这是在桥上看到的。所以道家认为人是评价生命和自然界的主体。道家关于"有用之用"和"无用之用"的论述非常深刻地论述了自然界的内在价值和外在价值。庄子说:"以功观之,因其所有而有之,则万物莫不有;因其所无而无之,则万物莫无。知东西之相反而不可以相无,则功分定矣。以趣观之,因其所然而然之,则万物莫不然;因其所非而非之,则万物莫不非。知尧、桀之自然而相非,则趣操睹矣。昔者尧、舜让而帝,之、哙让而绝;汤、武争而王,白公争而灭。由此观之,争让之礼,尧、桀之行,贵贱有时,未可以为常也。梁丽可以冲城,而不可以窒穴,言殊器也;骐骥、骅骝一日而驰千里,捕鼠不如狸狌,言殊技也;鸱鸺夜撮蚤,察毫末,昼出瞋目而不见丘山,言殊性也。"梁栋可以用来撞毁城墙但不能堵塞小洞,万物都有功用,但由于其物性不同而功用不同。这是大家都知道的,问题在于人们只知道"有用之用",而不知道"无用之用"。所有这些"有用之用",皆生于"无","无用之用"具有最高的价值,即它的内在价值最高。因为它创造了"乐有用之用"。

3. 约养持生、崇简抑奢的物质生活

人应当怎样生活?老子一贯主张自然无为的原则,行为要单纯、心地要纯正、生活要简朴,过一种同自然完美统一的生活。他说:"见素抱朴,少私寡欲";"我恒有三宝,持而保之:一曰慈,二曰俭,三曰不敢为天下先。夫慈,故能勇;俭,故能广;不敢为天下先,故能成器长。今舍其慈,且勇;舍其俭,且广;舍其后,且先;则必死矣。夫慈以战则胜,以守则固。天将救之,以慈卫之。"一种宁静祥和的生活,要抑制各种享乐的诱惑,为此要实施三原则:慈、俭、不为天下先,舍弃哪一个原则都不可以。庄子说:"平为福,有余为害者物莫不然,则财其甚者也。"多余的东西,特别是多余的钱财为祸害。欲壑难填,天下之至害。人世间什么才是最大的快乐?庄子说:"夫天下之所尊者,富贵寿善也;所乐者,身安厚味美服好色音声也;所下者,贫贱夭恶也;所苦者,身不得安逸,口不得厚味,形不得美服,目不得好色,耳不得音声;若不得者,则大忧以惧。其为形也亦愚哉。"庄子认为追求物质欲望为乐,盼着享尽天下之美都是愚蠢的。道家主张平为福,约养持生。但是他们关于知足寡欲的说法主要是针对统治者的;对于百姓基本生活的需要,他们的理想是"甘其食,美其服,安其居,乐其俗"。为此,公平的生活是非常重要的。因此,道家主张"重生轻利",过一种淳朴的生活,在满足基本的生存需求的基础上,重视精神上的需要。道的真谛是用以养身,得道的人要忘却利禄,忘却物欲,尊重生命,淡泊名利。

4. 回归自然、返璞归真的道家生态美学思想

人的生活需要美,特别是自然美。我们都被自然美所感动,它具有令人愉悦的动人的品格与属性。鉴赏自然美使人动情,精神振奋,心旷神怡。它洗涤人们的灵魂,激发人们的思想、情志,启迪人们的智

慧和创造力。道家崇尚自然美,主张回归自然、返璞归真。以"道"的原则去体验美、欣赏美,并从审美过渡到伦理。老子认为和谐就是美,"天下皆知美之为美,斯恶已;皆知善之为善,斯不善已。故有无相生,难易相成,长短相较,高下相倾,音声相和,前后相随"。如果知道了美,那么丑恶也就暴露出来了。自然和谐是美,破坏自然和谐的行为是恶。老子认为理解和奉行"道"的人才会理解自然美。奉行"道"的人,按"无为"的原则行事,在自然中体验美,宽容友善,不强求无法达到的成功,因而总是能不断地前进。"道"的美需要体验。圣人之道,必须以美的精神去体验和实现。回归自然,恬淡无为,美就会来到。庄子曰:"以神遇而不以目视,官知止而神欲行",美要以"无"去体验。

(三)佛家"依正不二"的可持续思想

佛教的本质以"法"为本,法是佛法的最高范畴和最高真理。法贯穿于人的生命和宇宙的生命之中。它把自然界包罗万象的事物和一切众生普遍存在的生命之法,即宇宙万物的本原,作为自己的根本。它认为所有生命都归于"生命之法"的体系内,个人的生命深处与宇宙的生命成为一体,是宇宙生命的个体化和个性化。佛教的第一宗旨是要做到人的生命与宇宙的生命法相一致,人与自然要走融合与协调的道路。这就是佛学说的生命是一切人和一切生物共同具有的,即"众生即佛";"万类之中个个是佛"。佛教以法的体系为根本。这是"依正不二"原理。从本体的角度理解可持续发展,世界不仅包括人和社会,而且还包括其他生命和自然界,人的世界和自然界不是分离的,而是相互联系、相互渗透的统一的整体,世界是"人—社会—自然"的复合生态系统。佛学的"三世间"和可持续意识是一致的。所谓"三世间",指人、社会和自然界。它们之间交往密切,从而产生多种多样的、复杂的关系。人对自然的关系中产生的多样性叫"五阴世间";人对他人和社会的关系中产生的复杂性叫"众生世间";人对自然的关系中产生的复杂性叫"国土世间"。这就是"三世间"①。日本学者池田大作说:"以佛教思想为基础培养起来的东亚文化,在自然和人之间美好的协调中,一方面使人在内心赋有一种安详平静的感觉;另一方面又有一种求'生'的强大动力。"②

佛教的"中道缘起"中蕴含人与自然和谐的思想。什么是"中道"?佛学认为"空""有"为两边,不坠极端,脱离两边,即为中道。《大宝积经》说:"常是一边,无常是一边,常无常是中,无色无形,无明无知,是名中道法实现;我是一边,无我是一边,我无我是中,无色无形,无明无知,是名中道诸法实现。"佛道讲"中",其实质是"和"。大乘佛学的中观学派提出"因缘果报",所说的"因"是生命深处的东西;为了形成这样的因,就要与外界进行交流,这就是"缘"。生命内在的"因"同时包含着生命内在的"果"。生命本身所具有的"果"出现于生命活动的现实,这就是"报"。"报"的出现又需有"缘"。

综上,佛教的"中道"学说,也就是儒家"和而不同"的和合思想。道家"中气以为和"的道法自然,有利于人与自然和谐发展。可持续意识的道德信仰在中国传统儒学中并不多见。"儒家将人格涵盖于仁道之下,似乎较多地强化了其伦理趋向:真与美在某种意义上统一于善,而知情意则从属于伦理理性(实践理性),同时,内圣的凸出,不仅多少抑制了人格的多样化(成人往往被等同于成圣),而且使外王理想的落实受到了内在的限制。"③

---

① 余谋昌.环境哲学:生态文明的理论基础[M].北京:中国环境科学出版社,2010:62.
② [英]汤因比,[日]池田大作.展望二十一世纪:汤因比与池田大作对话录[M].薛春生,译.北京:国际文化出版社,1985:286.
③ 杨国荣.善的历程:儒家价值体系研究[M].上海:上海人民出版社,2002:125.

三、中西方可持续思想的比较与现实启示

中国传统文化和西方的可持续思想是在完全不同的社会历史和环境中形成的。它们作为一种完整的、自足的价值体系,在各自社会里发挥一定的特殊功能。但无论各民族和文化的差异有多大,人是自然存在物,不离天地之间。自然界是人类共同的家园。神、人、自然和社会是人类关注的话题。

(一)中西方可持续思想异同比较

1. 中西方可持续思想的相似之处

(1)承认人是自然的一部分。中西方可持续思想关注人与自然的关系。从人与自然的关系的角度来看,西方古希腊人和中国传统文化认同人与自然相互和谐的人性观念。西方近代工业社会以来,由现代性所确认的是人与自然分裂的人性观念。古希腊哲人和中国先哲以宇宙世界或大自然为背景来把握人的本质,把自我看作是自然或宇宙不可分割的存在。如古希腊人提出的小宇宙与大宇宙和谐同一的理念,中国传统文化中的"天人合一""道法自然"的思想。这些观点认为人存在于宇宙世界之中并与宇宙融为一体,人只有在与宇宙世界

的和谐中,才能找到自己的存在和在宇宙世界中的位置。古希腊哲人和中国儒家、道家均认为人是自然的一部分。这与人们对自然世界的认识逐步深入有关,此时的人们不再将自然仅仅等同于自然存在物,而是把自然理解为抽象的宇宙实体,人们开始从整体的角度领悟他们周围的自然世界。古希腊哲人认为人是自然的一部分,其意识表达中具有一种"一"与"多"的哲学观念。

一般来说,古希腊哲人的宇宙观认为自然万物包含人在内是有生有死的可变化的存在,而整个自然世界本身则是不变的存在,其本身为永恒的"一"。"一"与"多"哲学观念的形成,实质上是说人自身的一切包含身体、生命、灵魂和理智都来源于自然宇宙,人与自然世界遵循着共同的活动原则和生命准则,人与自然宇宙在本性上具有内在一致性。古希腊人将自然世界视为大宇宙,将人视为小宇宙,人自身的小宇宙的运行秩序与外部世界的大宇宙的运行秩序是同一的,人是自然的一部分。古希腊的自然哲学家把水、气、火、种子等自然存在物视为整个世界的本源,认为包含人在内的自然万物都从它那里产生并复归于它。"在赫拉克利特看来,宇宙是由统一的普遍规律即'逻各斯'主宰着,它既统治着自然界,又统治着人类社会生活,既作为必然性驾御着自然秩序,同时有作为'命运'支配着人的灵魂、行为以及人与人的关系。"①尽管苏格拉底和他的继承者将"认识你自己"作为哲学路线,将人和理念作为哲学研究的中心,但是自然和宇宙是有理性的活的有机体,人是自然的一部分的思想始终没有动摇。

中国儒家的"天人合一"思想同样蕴含了人是自然的一部分的思想。在这样的思想下,天人关系成为中国传统文化的基本内核,主张人的自我通过显现"天"的命运和"诚之道"而获得本己的存在。人类

---

① 罗国杰,宋希仁.西方伦理学史[M].北京:中国人民大学出版社,1985:72.

自我是天命的承载者,通过人类自我使"天命"落到实处,因而"顺天从命"就成为儒家的基本道德义务①。在道家老子看来,"道"是天地万物生成的根源和万物存在的统一基础,它自生自化而独立运行,宇宙间的一切自然之物包括人在内都以"道"作为最初的本原,天地万物均以"道"为之母。人属于自然的一部分。人的一切行为通过法地、法天、法道的中介环节而最终效法自然,以自然而然为准则,顺应自然而生活②。道法自然亦为道即自然,道就是自然,道的境界就是自然界。因此,老子的"道法自然"就是认为人是自然的一部分,只有效法自然像自然那样,人类才能实现自身的存在。

(2)宗教神秘主义色彩的一致性。儒、道、佛都认为宇宙是万物本源的存在。儒家认为"天"是创造万物和人的自然界,《周易·序卦传》云:"有天地然后有万物,有万物然后有男女。"道家认为"道"是宇宙的本源,它先于天地存在。《老子》云:"道,可道,非常道;名,可名,非常名。""道"是不断发展变化和流动着的,是创造世界万物的,万物包含阴和阳,阴阳相互作用,达到世界的和谐统一。佛家认为"一切万物,从大地而生,一切万法,从心地而生,犹万物之发生,皆含一气"。佛家的"法"是其最高真理。"法"贯穿于人的生命和宇宙的生命之中。它把自然界包罗万象的事物和一切众生普遍存在的生命存在的生命之法,即宇宙万物的本原作为自己的根本。而基督教以上帝为一切价值的最终来源,而且"上帝是万物的尺度"。基督教信仰的上帝是世界万物的创造者和支配者。《圣经》说:"神看着一切所造的都甚好。"人和万物都是由上帝创造出来的。人的价值也是上帝赋予的,人也会因为自己的罪恶失去在世界中应有的价值。因此,中国传统文化和西方的可持续思想在论述人与自然的关系时,都具有宗教神秘主义

---

① 曹孟勤.人向自然的生成[M].上海:上海三联书店,2012:123.
② 曹孟勤.人向自然的生成[M].上海:上海三联书店,2012:123.

色彩。

2. 中西方可持续意识的差别

（1）中西方对自然概念理解的差异。在中国的传统文化中,自然属于人对物的一种态度和一种境界,属于伦理、认识和美的综合判断,表现出一种关系的集合,富有独特的东方文化色彩。在我国传统文化中,自然是人的最原始的本真的存在方式,也是人的生命活动的制高点。老子在"道法自然"的基础上倡导人与自然的亲和性、同一性;倡导生命与生命、生命与自然的和谐共生。这种理念有当代主体间性哲学思想风范。人作为自然的一部分,人的内在价值只是自然的内在价值的延伸。这个自然多为精神属性,它的普适性在于以自然为最高范畴,沟通不同价值主体之间的交流对话,从而达成统一的价值体系。在原初自然观中,中西方都承认自然是一个有生命的、合目的性的存在,当然两者都没有逃开本体论的藩篱。但是西方自然观与中国自然观有截然不同的发展方向,早在亚里士多德那里质料就是作为形式的,即以目的的对立面出现的。近代西方人接受了这个传统,而且由于近代西方哲学的主要问题是认识论问题,所以物质与心灵的对立就尤为突出。这样,对自然的理解就界定为物质性的质料,而没有目的性,正符合现代性所需要的自然物质是可利用开发的对象。因此,中西方对自然观念的差异理解在于后期对自然的利用,从而形成不同的观念意识。

（2）对权利理解的差异。中国传统文化中反对人类以自然的利益为等量尺度去利用自然,反对从功利的角度去认识自然与人的关系。这样的思想从中国传统儒家、道家和佛家的经典中可以发现。儒家提出"仁爱万物"思想,认为爱人就要爱物,将"己所不欲,勿施于人"的原则,扩展到人与自然的关系上。《易经·系辞上》云:"安土敦乎仁,故能爱。"儒学从生物与自然对人有用的观点出发,要求人以敦厚仁爱的本性去博爱万物。《孟子·尽心上》云:"君子之于物也,爱之而弗;于民也,仁,仁之而弗亲。亲亲而仁民,仁民而爱物。"董仲舒曰:"质于爱民,以下至鸟兽昆虫莫不爱。不爱,奚足以谓仁?"他把"仁"扩展到鸟兽鱼虫,儒家的仁爱是人对自然的关爱,认为爱人和爱物具有统一性,自然与人是两个平等而不分贵贱的主体,这样,人在与自然相处过程中要尊重自然,从而实现人与自然的和谐。道家的"道生万物""道法自然"的万物平等的可持续思想都把自然放在与人同等的地位上。"天地万物与我并生,类也。类无贵贱。"在人和自然发生矛盾的时候,认为人应该尊重自然,提出"因任自然",反对"以人灭天",主张"自然无为"的生活。什么是天(自然),什么是人?《庄子·秋水》云:"牛马四足,是谓天;落马首,穿牛鼻,是谓人。"在庄子看来,牛马有四足,这就是天;拢住马头、穿引牛鼻,这就是人。不要人为去破坏、毁灭生命。恪守与践行这些道理就是真理,就是返璞归真。"穿牛鼻""落马首",通过劳动使自然事物为人所用,但是它们被驯养以后要依赖人类饲养、供人类役使,受人类主宰和支配,为人类的利益服务,已经失去它们在野生状态下的完整性。《庄子·养生主》云:"泽雉十步一啄,百步一饮,不蕲畜乎樊中。神虽王,不善也。"在庄子看来,生活在自然中的野鸡走十步才找到一口食,走百步才找到一口水,尽管如此,它也不愿意被圈养在笼子里,因为野鸡珍视的是自由而不是富贵。野鸡在野外,虽然有饥渴之忧,但能保持它的天性。笼子里的野鸡,虽然吃喝不愁,却是人类的牺牲品,失去了自己的完整性。庄子主张"因任自然",因为这是生命的本性,认为在许多事情上人为地改变自然本性,损害自然生命,这是令人迷惑不解的。佛教的第一宗旨是要做到人的生命与宇宙的生命法相一致,"众生即佛""万类之中个个是佛",所有生命都归一在生命之法的体系内。万物虽然千差万别,但都在佛法之中统一,这就意味着众生平等,万物都有生存的权利。

　　西方传统伦理系统中不承认自然权利,只有人类才有权利。因为人类有意识,能形成权利意识。虽然20世纪60年代以来西方生态伦理强调的是生态系统中的生物拥有像人类一样的生存和发展的权利,但这样的权利是建立并非平等主体的基础上的,认为自然权利只是为了实现人类发展而给予自然的尊重,并没从本体意义上给予自然和人类平等的地位。西方环境伦理学认为一种完整的伦理要求所有生物行善。首先是把人生与道德融为一体。它的目标是实现进步和创造有益于人类的物质、精神与伦理。其次是把爱的原则扩展到动物,这对伦理学是一种革命。尊重生命的理念承认伦理范围的无限性,使人们承担起无限的责任和义务。施韦泽指出:"如果只承认爱人的伦理,人们就可能无视这一事实:由于承认爱的原则,伦理就不可能规则化。但是,如果把爱的原则扩展到一切动物,就会承认伦理的范围是无限的。"[①]生命是神圣的,所有生命是休戚与共的整体。所有生命具有生存的愿望,我们要尊重这种愿望。这是尊重生命的伦理观念,我们要把保护、繁荣和增进生命的价值看作是道德的依据,是尊重生命伦理学的出发点。因此,西方的伦理学认为只有当一个人把植物和动物的生命看得与他的同胞的生命同样重要的时候,他才是一个真正有道德的人。这是一场伦理学的革命。没有道德品格的人依然不承认自然具有价值性。

(二) 中西方可持续思想的现代启示

　　发展是传承与交往、自我创新与借鉴学习的具体统一,开放和交

[①] [德]施韦泽.敬畏生命:五十年来的基本论述[M].陈泽环,译.上海:上海社会科学出版社,2003:76.

往是推动发展的基础力量。本利特认为传统与交流是理解人类发展、全球发展的两个核心范畴,"这两个主题集中反映了人类发展的最重要的特征。它们可以对人类社会历史发展的原因作出解释"[①]。忽视创新与交往,走向内聚与封闭,往往与拘役文明的衰落相关。因此,我们应该吸收中西方传统文化中的精华,这是宝贵的文化财富,它们为解决人类发展中出现的不可持续问题提供理论依据,更有利于实现人类社会的长久发展。当前学术界从中国传统文化中汲取"天人合一"可持续思想的有之,从西方思想传统中汲取古希腊大宇宙与小宇宙的和谐观念的亦有之。中国传统的可持续思想远远地甩去了主客二分的狭隘,向着人与自然和谐共处的理想彼岸驶去。传统儒学伦理以修身养性、敦厉名实为目标,在日常的文化心理与行为方式上强调"明人伦",很大程度地蕴含着道德规范人的行为,也应该为每个人所理解掌握的原则。但儒家却往往缺乏人伦之外的自然律令。诚如费夫尔所说:"我们生活在一个充满与道德无关的困境的时代,因为当我们的社会处于一种系统的、持久的非道德化的过程中时道德观点已失去了力量。"[②]

既然中国传统的可持续思想能够达到和谐的境界,那么用这样的思想把握人与自然的关系,也是解决人与自然和谐统一的一种路径。人只有与自然界达到这种本质意义上的统一,才能真正地与自然融为一体。人就是自然,自然就是人;有人就有自然,有自然就有人。自然是人不可分割的一部分,人的本质中必然蕴含着对自然界的善和对自然界的关爱。当今环境污染、生态破坏问题日益凸显,可持续意识成为人类发展的关键,人与自然的关系成为人们关注的热点。中西方传统文化中的可持续思想的弥合与互为补充具有重要意义。

---

① [美]本特利,等.新全球史[M].魏凤莲,译.北京:北京大学出版社,2007:10.
② [英]费夫尔.西方文化的终结[M].丁万江,等译.南京:江苏人民出版社,2004:12.

第四章 可持续思想探析与文化嬗变

1. 天人合一的当代价值

当代社会,许多中国传统文化思想回归人们的视野,得到重新审视。"天人合一"理念即为其一。如何继承、扬弃、创新传统文化,使其服务于当代社会,是当代文化建设的重要内容。"天人合一"理念的回归,既是传统文化得以继承的体现,也是时代的需要。胡适先生说"自"就是"本来","然"就是"那样","自然"就是"本来那样"。"自然"其实就是客观世界。大自然正加速地被破坏,从而引发一系列的环境问题、社会问题。"天人合一"在解决人与自然的矛盾方面具有作用。"天人合一"就是人与万事万物之间应和谐共生,而"天人对立""天人相分"其实都犯了将自然与人割裂开来的通病。天地人为一体,上天下地,中间为人,人在中间顶天立地,"天人合一"不仅是理念,更是一种思维方式。

儒家的自然道德思想不仅可以建立良好的人际关系,也是人与自然和谐相处的重要条件。《周易》里提道:"既雨既处,尚德载";"既雨既处,德积载也"。我们可以看出当时人们已经将风调雨顺、生态平衡的自然现象与人类自身拥有的高尚道德联系起来,已经意识到天人合德的重要性。儒家生态伦理情怀对保护自然和促进社会健康发展具有积极作用。当代生态道德教育要人们确立新的生态价值观念,正确认识和把握人与自然的辩证关系。当今的现实生活中,人们习惯于认为自己是自然的立法者,而凌驾于自然之上,把征服自然看作自己最大的成果和乐趣,这导致了人的生存环境急剧恶化。儒家生态伦理情怀将人类与自然万物置于同等的地位,以促使人们确立人与自然平等的价值观念,确立人对自然的道德责任,促进人与自然的协调发展。当今世界已迈入高科技时代,人类所面临的生态环境已经与儒家当时的生态环境大不相同,依靠原封不动地继承和弘扬儒家传统的天人之学思想不足以解决当前人类面临的生态环境危机,必须从根本上转变现代人的价值观,充分吸收现代文明的批判理论,同时批判地继承儒家的自然道德思想。中国传统文化中充满着对大自然的关怀和人与自然关系的智慧之思。但是这一思想在现代背景下既有自身优势也存在历史局限性。例如,农业文明中经济结构单一、生产力落后,这就导致对自然的依赖性较强,儒家天人之学以限制人的需求来协调人与自然的关系。在工业化、商品经济发达的现代社会中,主体的能动性得到很大的提高,我们必须从当代视角出发,对传统的思想进行批判性的诠释,继承和发展其中具有普适价值的优秀思想遗产,对儒家的"天人合一"、道家的"道生万物"、佛家的"众生平等"等进行科学诠释和合理吸收。同时也要剔除其中的神秘主义、直觉主义以及模糊性、朴素性等杂质,以便科学地匡正人与自然关系的价值趋向。

2. 对传统文化的创造性转换

传统文化中以尊重自然、顺应万物的实践态度和行为方式,努力追求人与自然的共生共存。它确立了人不仅对人,同时对物的环境责任和主体意识,有利于为人的生存和发展创造良好的物质环境。我们要充分挖掘传统文化中的可持续思想,这必定能实现马克思所希望的"自然主义和人本主义的有机统一"的社会理想。传统文化中的可持续思想是在自然经济和社会历史背景下,基于人与自然关系的本体论世界观的实践理性,是以自然之物的生息规律而发展起来的,用以协调人与自然环境的关系。当前要实现人类可持续发展、人与自然的和谐统一,既要根据当代社会状态赋予传统文化以新的内涵,把可持续思想与法治观念有机结合起来,同时要充分发挥传统文化在解决人与自然对抗关系中的作用。在对传统可持续思想进行全面发掘、整理的基础上,向西方现代和后现代科学学习,借鉴其系统论、自然科学论等科学方法,将各种中外理论和实践进行融合与会通,以补充传统文化在理性思维、逻辑论证方面的不足,努力促进它从传统形式向现代形式转换。

3. 西方启蒙精神赋予个体道德存在的可能

可持续思想是立足于对传统伦理的纠偏而提出的。传统伦理源自中国传统社会的儒家伦理,它既与封建专制社会以及人身依附关系紧密结合,更是立足于人类中心主义的观念。可持续意识则抛弃"人定胜天"思路的错误指引,以自然价值和公民权利为基础,以人与自然的自由、平等的契约关系取代传统的、隶属的支配与被支配关系。虽然这个概念在启蒙运动以后才得以推演出来,但启蒙精神有效地使可持续意识的内涵逐步成熟起来。"启蒙精神便是理性主义与个人主义的结合。理性主义促使人们对传统的教条进行大胆的怀疑,促使人们从迷信和盲从中走出来;个人主义使人们挣脱了传统等级秩序的束缚,使人们作为自由独立的个人去公开地运用自己的理性。有了理性主义与个人主义这两股精神扭结起来的人格,人便摆脱了自己所加之于自己的不成熟的状态。"[1]启蒙精神既赋予了公共生活中的人以道德存在的可能,也赋予了社会生活中的自然以道德存在的可能,又给予公民自我检视其人权与自然权相兼备的可能[2]。这样的意识即使以最低的限度来说,在现实层面上已成为一种衡量人与自然关系的理论尺度。可持续意识的内在价值是通过人们认识和把握自然价值而得到体现的。

---

[1] 卢风.启蒙之后[M].长沙:湖南大学出版社,2003:80.
[2] 周国文.自然权与人权的融合[M].北京:中央编译出版社,2011:3.

当代可持续意识构建研究

第五章
当代可持续意识构建原则

可持续意识的构建要立足于马克思可持续理论,吸收西方可持续理论合理部分,坚持思想政治教育的引导功能。坚持马克思可持续意识就是以马克思生态观为指导,坚持社会主义方向,以人与自然和谐统一为目标,既发展人的能动性,又尊重自然规律性,在环境承载范围内既满足代内的生活,又能实现子孙后代的延续。

一、当代可持续意识构建的理论原则

现代工业文明以来,由于人与自然关系的急剧恶化、生态环境的污染破坏,导致了难以遏制的全球性灾难,造成环境恶化的原因主要在于人在实践活动中缺失文化的引导,特别是环境伦理规范和相应法律的缺位。从主体角度来说,对社会环境的人文关怀和对自然环境的生态关怀是同样重要的,而在恶性膨胀的物欲的驱动下,主体的品格、道德情操和文化素养全面失落,是社会不可持续的深层原因。因此,在构建可持续意识时,需要界定其理论原则,协调其主体和客体之间的矛盾,并明确以人、社会与自然的和谐共生的持续性为核心。人、社会与自然的非有机整体性引起人与自然的对立,这与人的肆意占有自然具有直接相关性,从更深层次看,这是人们缺少可持续道德价值观念的表现。在康德对道德的认识中,道德是神圣而崇高的,它可以清洗全部利己主义的意图和个人主义的打算,排除了爱好、欲望等一切非理性的冲动,只是出于责任,为了义务而义务。所以,道德承担着人之为人的存在,一个个体对道德具有尊重和景仰,其内心必然存在道德法则,这一法则是支配个体理性行为的支柱。

(一) 马克思、恩格斯的可持续理论

马克思和恩格斯没有明确提出可持续理论这个概念,但并不能因

此否认马克思、恩格斯具有可持续思想,他们的可持续思想为人类实现"人—社会—自然"的和谐具有重要的意义。由于马克思和恩格斯生活的时代面临的是资本主义制度的矛盾,关于人与自然和解的论述零散地分布在卷帙浩繁的著作中。马克思和恩格斯的可持续理论蕴含"人—社会—自然"的辩证关系,其中社会是人与自然的中介,从经济、政治和观念三个向度,可以对人与自然的关系进行全面阐述。

1. 发展向度:人—经济—自然

马克思通过研究劳动来论述人与自然的关系,认为社会生产与再生产是经济再生产和自然再生产的统一,他还通过物质循环角度,探讨了资本主义生产方式对社会生产与再生产运动中物质循环的破坏,提出了物质循环的生态利用原则是可持续生产的重要原则。马克思认为自然的生态系统和人类的经济系统是一个不可分割的整体,社会生产总是表现为自然因素和社会因素的有机结合、互相渗透。社会生产是自然形式和社会形式的有机统一,前者是社会生产的自然生态特征,后者是社会生产的社会经济特征。社会生产的本质是自然属性和社会属性的统一,这正是可持续生产的本质。"动物的生产是片面的,而人的生产是全面的","动物只生产自身,而人再生产整个自然界"①。可见,人类的社会生产不仅要实现人的目的,而且要按照自然界的其他自然存在的需要而做到社会生产的全面化。马克思在论述资本主义生产与再生产的过程中,开拓性地提出了物质循环及废物循环利用的思想,这是可持续生产的关键环节。在马克思的视野中,社会生产与再生产的运动过程是人类与自然界进行物质变换的过程,而物质变换不仅意味着改变自然物质的形态,更重要的是以改变了形态的物质同自然进行交换。人类的经济活动首先要向自然界索取物质,

---

① 马克思恩格斯全集(第24卷)[M].北京:人民出版社,1972:398—399.

经过人类的劳动改变自然物质的形态,使其具有符合人类需要的使用价值。因此,为了满足自身的需要,人类以有用为目的占有自然物质,而在社会生产和消费过程中排放大量废弃物。这废弃物从社会再生产过程中排出后返回到自然界,最终回到自然生态系统中,再为经济系统的经济循环提供自然物质。所以,社会再生产运动不断进行,人类不断占有自然物质的有用形态,再将废弃物返还给自然。人类就这样不断循环往复地和自然界进行物质变换。这种物质关系不仅要经过自然过程和社会过程这样两个过程,还有与此相应的生态循环和经济循环这样两种形态。这意味着经济循环和生态循环是物质循环体系中的两个循环阶段。所以,社会生产与再生产运动的物质循环就表现为生态系统的生态循环和经济系统的经济循环的互相转化。马克思指出,在资本主义生产方式下,由于资本主义大机器工业主要集中在城市,造成了城市工业污染,使人、社会与自然之间的物质变换出现断裂,违背物质循环与转化规律,破坏了社会生产与再生产运动的物质循环。因此,要使生态循环和经济循环在生态系统中实现有机统一与良性循环,就必须有效消除物质循环过程中的污染物质,化废弃物为原料。在《资本论》中,马克思专门探讨了该问题,认为按照社会生产与再生产物质循环规律的要求,消除物质循环与转化过程中的污染物质,实现废弃物资源化,是解决物质变换断裂、减少生态环境破坏、促进生态经济良性循环的重要途径。所以,马克思和恩格斯的物质循环的思想是可持续生产的核心和关键环节,对可持续思想的发展具有重要的理论价值。

2. 制度向度:人—政治—自然

马克思、恩格斯的可持续思想以人与自然的和谐统一为理论追求,它们从社会制度方面去观照和研判人与自然的具体的历史的关系,将"技术的资本主义的应用"和"工业的资本主义性质"视为环境问题的根源,认为只有变革社会制度,实现社会主义和共产主义,才能实现人与自然的和谐和可持续性。马克思认为人与自然的关系受社会制度的制约,社会制度不同,人与人之间的社会关系也就不同。马克思曾根据人的存在状态的历史变化,考察人类对自然的态度以及人与自然的关系。他认为人与自然的关系可以分为三个阶段,第一阶段是在原始社会、奴隶社会和封建社会中,人对自然怀着崇拜的感情,自然界直接与劳动着的人发生联系。第二阶段是在资本主义社会中,自然是人利用、占有的对象和有用的物,既有积极的一面,更多是消极的一面——私有制基础上的大工业生产和交换,使劳动者同自己的劳动对象分离,这不但造成了人与人关系的异化、人与自身的异化,而且造成了人与自然的关系的疏离与异化。"只有资本主义制度下自然界才不过是人的对象,不过是有用物;它不再被认为是自为的力量;而对自然界的独立规律的理论认识不过表现为狡猾,其目的是使自然界(不管作为消费品,还是作为生产资料)服从于人的需要。"[①]第三个阶段是在共产主义社会中,社会化的人共同占有生产和生活资料,个人的本质力量全面丰富地展开,人成为自由的人,自然也成为具有人的属性的自然。在资本主义制度下,自然完全变成了私有财产,对利润的无止境的追求,加剧了对自然的无止境的开发和利用,而不去考虑这种活动在自然界中将产生的长远影响。工人阶级在生产过程处于支配地位,也被无情地纳入了这种对自然的无节制的、短视的开发和利用之中。这正是人与自然产生矛盾的深刻的社会根源。因而,马克思和恩格斯认为只有消灭资本主义制度,建立社会主义制度,才能实现人与自然的可持续发展。他们认为只有社会主义公有制取代了资本主义私有制,使社会主义社会消除了资本主义社会中劳动与资本的分

---

① 马克思恩格斯全集(第46卷)[M].北京:人民出版社,1979:393.

离,才能克服人与人的异化以及人与自然的分离。这是因为社会主义制度为重新创建人与自然的和谐统一、经济社会与生态环境的协调发展提供了可能性。

3. 人本向度:人—观念—自然

马克思和恩格斯在反观资本主义的发展方式时,认为资本主义行为方式的不可持续性,是因为文化观念的不足。而人与自然的共生和谐发展,正是可持续意识的核心。首先,在马克思和恩格斯看来,人类为了生存和发展而与自然界进行物质交换时,必须合理地调节自己与自然界的物质交换关系,以维护和充分实现自然界对于人的生态环境价值。马克思详尽提出了内在尺度与外在尺度相统合的劳动实践规范理论,构建了一种合乎人性的生态劳动实践观。"动物只是按照它所属的那个种的尺度和需要来建造,而人却懂得按照任何一个种的尺度来进行生产,并且懂得怎样处处把内在的尺度运用到对象上去;因此,人也按照美的规律来建造。"①内在尺度和外在尺度的统一是人的劳动实践的应有理念和取向。马克思认为"不以伟大的自然规律为依据的人类计划,只会带来灾难"②。这种灾难不仅损害人自身的生存发展,而且造成生态系统的失衡。所以,内在价值和外在价值统一的劳动实践观蕴含着人道与物道、功利与责任相统一的人与自然和谐共生的可持续观念。

其次,在人与自然的关系中,人是主体,因此以人为中心来处理人与自然的关系。"如果说动物对周围环境发生持久的影响,那么,这是无意的,而且对于这些动物本身来说是某种偶然的事情。而人离开动物越远,他们对自然界的影响就越带有经过事先思考的、有计划的、以

---

① 马克思恩格斯全集(第42卷)[M].北京:人民出版社,1979:97.
② 马克思恩格斯全集(第31卷)[M].北京:人民出版社,1972:251.

事先知道的一定目标为取向的行为的特征。"[1]人类要为人与自然关系的失衡以及由此滋生的价值背离、冲突而负责。当人与自然发生价值对立的情况时,其责任并不在自然界,而在于人类的短视行为。人类在处理与自然的关系时,既要考虑到人类自身的需要,也要顾及其他动物生存的需要,既要考虑到当代人的需要,又要兼顾后代人的需要。人类只有诉诸自己而不是外求于他物,才能承担起协调人与自然关系的重任。马克思始终把人的主体能动性、人的生存和发展需要作为考察人与自然关系的出发点。他并不因为强调人的主体地位而陷入反生态的近代人类中心主义;相反,他避免了生态中心主义因主张消极适应自然而陷入的生态保护空想误区,从而在更现实、更科学的基础上,体现了自觉寻求人与自然和谐共生的可持续价值观念。

(二) 中国特色的可持续思想

新中国成立以来,对可持续思想的认识是一个不断深化、发展的过程,从认为自然是可操作、可控制的工具到明确了人类必须依赖自然,自然已经成为人类发展的限制因素,中国特色的可持续思想阐释了人与自然的和谐统一,拓展了当代可持续意识的内涵。

1. 坚持生态文明建设

生态文明是人类社会的高级文明形态,可推进人类社会持续发展。在中国特色社会文明体系中,生态文明是物质文明、政治文明和精神文明的前提。生态文明在人与自然关系的基础上,以人与自然的和谐为准则,以可持续社会的经济文化政策为手段,以实现经济、社会、环境的共赢。在这个系统中,人与自然的各要素可以相互影响、共

---

[1] 马克思恩格斯全集(第4卷)[M].北京:人民出版社,1995:382.

同发展。生态文明就是人与自然、人与人、人与社会的和谐共生,以良性循环、全面发展、持续繁荣为基本宗旨。生态文明重视自然价值,保护生态环境是建设美丽中国的重要前提。习近平同志强调,生态环境保护功在当代、利在千秋,要真正下决心把环境污染治理好,把生态环境建设好。

2. 践行绿色发展理念

党的十八届五中全会提出:"实现'十三五'时期发展目标,破解发展难题,厚植发展优势,必须牢固树立并切实贯彻创新、协调、发展、开放、共享的发展理念。""绿色理念"是五大发展理念之一。绿色发展理念是解决人与自然关系的理论,是推进生态文明建设的重要内容。绿色发展理念作为我们党科学把握发展规律的创新理念,是我们党对新时期富国之道的科学把握。绿色低碳循环发展是当今科技革命和产业革命的方向,是最有前途的发展领域,推进绿色发展、绿色富国,将促进发展模式从低成本要素投入、高生态环境代价的粗放模式向创新发展和绿色发展双轮驱动模式转变,综合来看绿色发展成为我国走新型工业化道路、调整优化经济结构的重要动力,成为推进中国走向富强的有力支撑[1]。绿色生产方式是绿色发展理念的基础支撑,决定绿色发展的成效和美丽中国的成色,面对人与自然的突出矛盾和资源环境的瓶颈制约,只有大幅度提高经济绿色化程度,推动形成绿色生产方式,形成经济社会发展的增长点[2]。绿色理念是建设美丽中国的重要战略,绿色正在装点当代中国人的新梦想。绿色发展理念以建立美丽中国为奋斗目标,不仅明确了我国当前发展的重要目标取向,而且丰富了中国梦的美好蓝图。

---

[1] 任理轩.深入学习贯彻习近平同志系列重要讲话精神 坚持绿色发展:"五大发展理念"解读之三[N].人民日报,2015-12-22.
[2] 任理轩.深入学习贯彻习近平同志系列重要讲话精神 坚持绿色发展:"五大发展理念"解读之三[N].人民日报,2015-12-22.

(三) 思想政治教育理论

思想政治教育是做人的工作,解决的是"培养什么样的人,如何培养人"的问题,是我们党和国家各项工作的生命线。思想政治教育理论工作者必须要有高度的民族自豪感和历史责任感,自觉地站在社会发展的前沿,密切关注中国特色社会建设与中华民族伟大复兴的实践。要深入社会生活的实际进行调查研究和理性思考,认真总结思想政治教育实践经验,正确把握时代发展脉搏,努力探索思想政治教育规律,提高发现问题能力。因此,可持续意识的教育必然要以思想政治教育为其重要手段。

长期以来,人们片面地认为思想政治教育只是解决人与人、人与社会的关系问题,而无须把人与自然的关系纳入其中。但伴随着人类社会的不断发展和人类自身的解放,人类的道德范畴由人与人、人与社会关系的范畴向人与自然、人与自我两个纬度拓展。当人类所依赖的自然被征服改造而以毁灭性的方式报复人类时,人类必须要思考人与自然的关系。因而,每一个公民都应当关注自己与自然如何和谐相处,这也是时代赋予思想政治教育工作的全新内容。

首先,思想政治教育是一项动态的系统工程,它的内容是与时俱进的,而不是僵化的、固定不变的,在每一具体时期都有自己的特点。只有对思想政治教育有一个辩证的、整体的认识,从客观实际出发,注重对时代特点的把握,思想政治教育才能科学地、规范地发展,也才能增强时效性。思想政治教育引入可持续意识的教育,不仅是思想政治教育的客观要求,也将为思想政治教育注入新的活力。

其次,要发挥思想政治教育的引导和教化功能。思想政治教育的目的是使人们认识并关心环境问题,使人们有良好的知识、技能、态度和行为,能为解决目前的问题和防止新产生的问题而独立进行工作。要让可持续意识教育渗透到思想政治教育的实践活动中,对人们的可持续意识的形成进行引导,使人们清楚地认识到人的行为对人类生存和发展的影响,树立正确科学的生态责任意识,增强人们的道德责任感。

二、当代可持续意识构建的基础

（一）重构"自我"与"他者"的道德关系

建构可持续意识，要重新定位"主体"在自然中的位置。现代性引起的人与自然的矛盾是现代西方主体主义二元论发展的实践结果，因而要打破自笛卡尔以来的主体主义的哲学思想，重构"自我"和"他者"的道德关系。西方哲学家通过"自我"和"他者"的关系定位自然在人类社会中的位置。"自我"与"他者"的关系涉及人与自然的关系、人与社会的关系。"自我"和"他者"相互区别又相互联系，其关系一直是西方哲学家进行哲学沉思的逻辑起点。"自我"代表的是主体性，"他者"代表的是客体性。现代西方哲学的基本品格遵循笛卡尔的"我思故我在"这一经典命题。在主体主义意识中，拥有主体性的主体就是拥有个人意识的个人。主体性是一种哲学思维方法，也是一种道德价值观念。作为一种哲学思维方法，它要求严格区分"主体"和"客体"的关系。作为一种道德价值观念，它反映的是个人这种"主体"对待"他者"的情感态度。在这种哲学思维和道德价值观念下形成了人、社会与自然之间的矛盾，因为主体的"自我"严格区分了与"他者"的关系，作为主体的"自我"成为真正意义上的价值判断或道德真理的掌握者，一切存在的价值只能通过"自我"的主体得到确认。人、社会与自然之间的矛盾现象的存在，一是因为个人作为"我思"的主体以自身的利益为评判标准，个人在审视人与自然的关系时采用实利主义价值观，这种人类中心主义价值观造成人与自然的对立；二是因为作为主体的个人在认识、处理自身与他人、社会的关系时普遍采取利己主义态度，从而表现出个人化的存在。存在主义代表人物克尔凯郭尔指出，现代人不仅为生活所支配，而且在社会生活中丧失了应有的个性，并最终沦落为一种忧郁、厌烦或绝望的存在。萨特提出"他人即地狱"的观点，认为他人在社会中形成人与人的排斥与冲突，人与人的对立就是人的存在异化，正是人与自然的对立引起社会与自然的对立，即人与自然的关系也就是社会与自然的关系。因此构建可持续意识就要认识到这种意识既是一种哲学思维方式，更是一种道德价值观，在处理"自我"（个人）和"他者"（自然）的关系时，从价值观念上否定人类征服自然的道德合理性基础，重新确立一种牢固的道德关系。要将人类"自我"的道德关怀从人际关系进一步延伸到人与自然的关系上，并呼吁每个"自我"培养热爱、尊重自然的道德品格。重构的"他者"是道德共同体，非人的自然存在物不再是人类的异己力量，更不是人类主体主义维度下的附属物，而是人类的同伴，强调人、社会与自然和谐发展的可持续意识是一种为人类共有的道德价值观。

（二）设立客体目标的合理性规范法则

主体行为的合理性是实现可持续发展的基础。人们选择何种目的作为实践活动的指导力量，总是受其价值观的影响并指向一种善。因此，改造自然界的实践活动的目标设定就有了道德维度。"目的是行为主体在行动之前预先设想和预期要达到的行动结果，它常常以需要、意图、动机和理想等形式表现出来,并贯彻于行动的全部过程。人在行动之前首先要在头脑中预先设定目的,然后根据预先设定的目的选择达到目的的手段,最终通过行动将主观目的转化为现实的结果,即目的得以实现和完成。由此可见,目的是行动的灵魂与核心,它规定着行动的价值和行动的防线,并对整个行动过程具有指导意义。"①目的性是人类主体改造自然的一个显著特征。主体在设定改造自然的目标时要考量到可持续发展的要求,站在人类发展的视野中设定主体的行为目标。韦伯在论述个体社会行为的合理性时曾提出四种标准:第一是目的合理性行为;第二是价值合理性行为;第三是情感合理性行为;第四是传统合理性行为。由此可见,"目的设定是解释个体行动合理性的根据之一。人的改造自然界的实践活动总是以目的为根据展开的,目的引领着实践活动的方向,使之不偏离预期的目标。目的不同、改造自然界的方式、过程和结果也就不同"②。目的设定对改造自然界的实践活动具有重要的价值,因而人们对目的性十分重视并展开了广泛的理论探索,形成了各种关于目的的理论。

"古希腊亚里士多德就用目的来解释个人、社会、自然所发生的行为和现象的合理性。他认为个人、社会和自然万物都具有目的性且追求现实自身的目的性,合理而正当的行为就是合乎目的性的行为,因为目的是实践活动和万物活动所追求的最高的善,万物都是向善的。"③"这一为自身的目的也就是善自身,是最高的善。"④亚里士多德认为人所追求的目的是幸福,这是至善。中世纪基督教神学目的论解

---

① 曹孟勤.成己或物:改造自然界的道德合理性研究[M].上海:上海三联书店,2014:105—106.
② 曹孟勤.成己或物:改造自然界的道德合理性研究[M].上海:上海三联书店,2014:108.
③ 曹孟勤.成己或物:改造自然界的道德合理性研究[M].上海:上海三联书店,2014:108.
④ [古希腊]亚里士多德.尼各马科伦理学[M].苗力田,译.北京:中国社会科学出版社,1999:3.

释上帝创世行为的合理性。"在基督教神学看来,上帝创造世界是具有目的性的,世界万物乃是上帝按照其智慧和目的创造出来的。但是,在上帝的所有造物当中,唯有人是上帝按照自身的形象创造的。人是上帝的宠儿,是唯一有灵魂的存在物,也是唯一有希望被上帝拯救的存在物。"①上帝创造万物的目的是为人类提供神恩,让万物为人所用。基督教神学目的论让人们知晓,自然万物完全臣服于人类并供人类使用,这是上帝有意识、有目的的安排结果。康德则认为,人是自然界发展的最终目的,在人身上实现了自然界的最终目的。"人就是这个地球上的创造的最后目的,因为他是地球上唯一能够给自己造成一个目的概念、并能从一大堆合乎目的地形成起来的东西中通过自己的理性造就一个目的系统的存在者。"②"既然这个世界的事物作为按照其实存来说都是依赖性的存在物,需要一个根据目的来行动的至上原因,所有人对于创造来说就是终极目的;因为没有这个终极目的,相互从属的目的链条就不会完整地建立起来;而只有在人之中,但也是在这个仅仅作为道德主体的人之中,才能找到在目的上无条件的立法,因而只有这种立法才使人有能力成为终极目的,全部自然都是在目的论上从属于这个终极目的的。"③实现人类社会可持续发展关系到每一个人的切身利益,于是人就有伦理意义。"你的行动,要把你自己人身中的人性,和其他人身中的人性,在任何时候都同样看作是目的,永远不能只看作是手段。"④

康德对于目标设计更多的是停留在"应当如此"的彼岸,而在现实中是无法企及的。黑格尔看到康德形式主义目的论的软弱无力性后,强调实践活动的道德合理性能将目的转变为现实。在黑格尔看来,主

---

① 曹孟勤.成己或物:改造自然界的道德合理性研究[M].上海:上海三联书店,2014:109.
② [德]康德.判断力批判[M].邓晓芒,译.北京:人民出版社,2002:15.
③ [德]康德.判断力批判[M].邓晓芒,译.北京:人民出版社,2002:294.
④ [德]康德.道德形而上学原理[M].苗力田,译.上海:上海人民出版社,1986:81.

体设定的目的,一定要克服自身的纯主观缺陷,使主观目的转向外在客观性,直接指向客体,并把客体作为实现自身的工具,通过控制客体而将主观目的转为客观现实。黑格尔认为目的通过特殊性与个体性获得结合,从而使具有自我决定力的个体性成为一个能下判断的主体。"主体在进行判断时不仅能够将尚无确定的普遍概念特殊化,使之具有确定性的内容,同时还建立起主观性与客观性的对立统一。"①目的是支配客体的力量,它通过控制客体而将主观目的变成客观现实。"目的的有限性在于当实现目的时,那被利用来作为手段的材料,只有外在地从属于目的的实现,成为遵循目的的工具。"②西方马克思主义创始人之一的卢卡奇认为改造自然的目的性设定是人的专有活动。"自然界中万物只是受盲目的因果关系支配而展开自身的活动,而人类改造自然界的实践活动则是有意识、有目的进行的。传统的观点将因果论和目的论对峙起来,如康德在'自然王国'与'目的王国'之间就设置了不可逾越的鸿沟,马克思提出劳动目的论设定之后,二者才统一起来。"③一旦实现了目的论和因果论的统一,人就能够在改造自然界的劳动中赢得自身的自由。"只有在这种选择中,对自然界来说是完全陌生的自由现象,才第一次以一种明确规定的形态表现出来:意识以选择的方式决定了它要设定何种目的,以及怎样把实现目的所需的因果系列变成被设定的因果系列,这样就产生了一个充满活力的现实整体,而在自然中是找不到任何与之类似的现实整体。"④

目标合理性的基础是满足人的物质需要,即物质生活本身,而且

---

① 曹孟勤.成己或物:改造自然界的道德合理性研究[M].上海:上海三联书店,2014:112—113.
② [德]黑格尔.小逻辑[M].贺麟,译.北京:商务印书馆,1980:396.
③ 曹孟勤.成己或物:改造自然界的道德合理性研究[M].上海:上海三联书店,2014:115.
④ [匈牙利]卢卡奇.关于社会存在的本体论(下卷)[M].李秋零,等译.重庆:重庆出版社,1993:14.

这是一切历史活动的基本条件。满足人类的物质需要是人类生存的必要条件,也是人类从事任何更高一级活动的物质基础。尽管人类经历了原始社会、奴隶社会、封建社会和资本主义社会等不同形态,改造自然界的深度和广度也发生了巨大变化,现代人的需求和以往传统社会中人们的需求也不可同日而语,但是通过改造自然界来满足人的生存需要这一基本要求没有发生根本改变。这一实践活动的目的具有道德上的合理性和生物学意义上的正当性。要保证人的物质需要既不贫乏也不过剩。如果超过这一限度,就会导致人本身的异化,并对自然界产生极大的破坏作用。人的需要多种多样,有物质需要、安全需要、社交需要、尊重需要和自我实现需要。既然物质需要是人类的一种基本需要,因此人类还有更高层次的需要,这就需要人们必须把握好物质需要的限度,协调好物质需要与其他需要之间的关系,确保人类有更崇高的追求。

(三) 化解人与自然主客体的道德分歧

传统观念认为自然作为人类利用的对象存在,这是造成人与自然对立、社会从自然中脱离的价值误区。可持续意识旨在化解人与自然之间的道德分歧。所谓道德分歧就是道德主体之间在善恶观念上的分歧。不同道德主体的善恶观念不同,如果道德主体把"勤劳节俭"视为一种美德,则另一种道德主体将其视为一种恶行,这就属于道德分歧。在人与自然的关系上存在人类中心主义和非人类中心主义两个基本流派,这两个流派在人与自然的关系上存在明显的道德分歧。人类中心主义坚持人的主体性,自然是人类开发利用的客体,人类对自然界拥有征服力和使用权力。康德的"人为自然立法"使人的主体性地位得到巩固,自然理所当然是客体。"自然界的最高立法必须是在我们心中,即在我们的理智中。"①康德直接指出人的理性为自然颁布规律,"理性必须一手执着自己的原则,另一手执着它按照这些原则设想出来的实验,而走向自然,虽然是为了受教于她,但不是以小学生的身份复述老师想要提供的一切教诲,而是以一个受任命的法官的身份迫使人们回答她向他们提出的问题"②。康德的"人为自然立法"高扬人的主体性,推翻了过去那种以自然为中心的看法,充分肯定了人的主体性在自然中的能动作用,而"做自然的主人"则意味着人类可以随意占有自然,这是人与自然对立的重要阶段。所以,近代人通过运用理性和科学技术高扬人的主体性,把人置于价值的中心,并且把自然规定为人的一部分,人作为主体必然会凌驾于自然之上,把自然当成从属于人的奴隶。叔本华认为人与动物都是有生命意识的存在物。人与动物的本质区别在于人的能动性的意志,表现为对生命的追求和对自由的热爱,但人的求生之路就是不断奋力挣扎之路,没有永恒的满足,只有沟壑难填的痛苦。可持续意识旨在化解人类中心主义和非人类中心主义之间的道德分歧,人类在面对自然时不能盲目遵循人类中心主义的原则,也不能一味固守生态中心主义,为了自然放弃自身的发展。

(四)确立主体改造自然的道德合理性

对改造自然界的实践活动进行道德反思,长期以来被人们所忽视。一种观点认为改造自然界的实践活动是人类的天命,是自然必然性强加于人身上而不得不为之的活动,就像动物捕食一样,改造

---

① [德]康德.任何一种能够作为科学出现的未来形而上学导论[M].庞景仁,译.北京:商务印书馆,1997:92.
② [德]康德.纯粹德理性批判[M].邓晓芒,译.北京:人民出版社,2004:13.

自然界属于人类特有的使命。因此,道德反思是没有任何意义和价值的。人是道德的存在物,道德是人之为人的象征,人的道德性落实在人改造自然界的实践活动中,必然使这种实践活动本身带有道德属性。于是道德问题与改造自然界的实践活动就具有了内在关联,从道德上反思改造自然界的实践活动成为可能。改造自然界的实践活动并不纯粹是一个认识论的问题,必然涉及价值论问题。

对改造自然界的实践活动进行道德反思,首先要追问人类为什么要进行改造自然界的实践活动,即改造自然界的实践活动的目的是什么?这直接关乎人存在的目的、人的生活意义和终极价值追求,并最终影响人的实践方式和实践行为。改造自然界的实践活动的道德合理性不仅要求目的设定合乎道德,而且手段选择也要合乎道德。一般来说,目的决定实现目的的方式,目的规定着手段的选择,从历史的视角来看,古代社会是以敬畏自然的方式进行改造自然界的实践活动,现代人是以征服自然的方式改造自然界的。现代人的改造自然界的实践活动是一种单向度的劳动,只强调对自然的索取,毫不顾及对自然界的惠顾,致使人与自然界之间的物质交换出现了无法弥补的裂缝。亚里士多德也曾强调:"人一旦趋于完善就是最优良的动物,而一旦脱离了法律和公正就会堕落成最恶劣的动物……一旦他毫无德性,那么他就会成为最邪恶残暴的动物,就会充满无尽的淫欲和贪婪。"[①]

人的存在可以分为人在社会中的存在和人在自然界的存在,人既存在于人与人的社会关系当中,也存在于人与自然的关系当中。因此,人的道德性既存在于人与人的关系之中,也存在于人与自然的关

[①] [古希腊]亚里士多德.政治学[M].颜一,秦典华,译.北京:中国人民大学出版社,2003:5.

系之中。传统观点认为人性总是生成于社会之中,生成于人与人的关系之中,同人与自然的关系无关。实际上这是一种片面的观点,因为人的社会性并不能将人与动物彻底区别开来,人在社会内部讲道德,群居性动物同样也能够为了群体利益而牺牲自己。从这个意义上说,人是道德存在物,其道德性不仅体现在对人方面,也落实于对自然物方面。亚里士多德和康德认为改造自然界的实践活动满足了人类生存的需要,道德仅仅存在于人与人的关系之中。当今著名环境伦理学家罗尔斯顿认为康德是一个利己主义者,根本没有达到道德的最高境界。"根据其伦理学目标来看,康德仍是一个残留的利己主义者……但他本人并不是他们的所希望的那种真正的利他主义者。他认为,只有'自我'(个人)才与道德有关,他还没有足够的道德想象力从道德上关心真正的'他者'(非人类存在物)——树木、物种、生态系统。他只是一个人本主义意义上的利他主义者,还不是一个环境主义意义上的利他主义者。"[1]环境伦理学是最具利他主义精神的伦理学。它把个人提升为栖息地中的利他主义者。罗尔斯顿向我们表明,人类只有从道德上尊重自然存在物,并把道德主义的利他精神贯彻到自然界中,人才能真正成为人之为人的存在,才能保证改造自然界的道德性。

  人们所追求的东西并不在于当下,而在于未来。这意味着改造自然界的实践活动的道德性承载着人类的价值理想和对未来的期待。人类对好生活和善生活的憧憬,都要通过改造自然界的实践活动呈现出来。正是人类将理想价值和目的意义内置于改造自然界的实践活动之中,使改造自然界的实践活动不再单纯地满足物质需要,而是承载着人类的价值,负承着人类的道德理性,能够对其进行追问和道德考量。"如果我们从这样一个事实出发,就是主体的决定性行为乃是

---

[1] [美]罗尔斯顿.环境伦理学:大自然的价值以及人对大自然的义务[M].杨通进,译.北京:中国社会科学出版社,2000:464.

他的目的论设定及其实现,那么有一点就会马上显得是易于明了的了,就是在范畴上对这些行为起决定性作用的因素包含了一种由'应该'观念决定的实践的出现。任何一种以一定目的为意图的行为是一种决定性因素,它必然是这种'应该'观念,因为为了实现一定的目的而采取的每个步骤都取决于这样一点,就是这个因素究竟是否以及怎样促进目的的实现。这样,这种决定作用就彻底改变了方向。在正常的生物学的因果决定性中(无论是对人还是对动物来说),都会产生一个因果过程,在这个过程中,过去总是不可避免地决定着现在。即便是生物对一种变化了的环境的适应,也是以某种因果的必然性进行的,因为有机体以保持或者破坏过去在自身中产生的那些属性的方式对这种变化作出反应。设定目的这种行为却彻底改变了这种关系,正像我们已经看到的那样,目的是先于它的实现而存在(于意识中)的,而且实现目的的过程的每个步骤、每个活动,都是由所定目的(即由未来)支配的。"①当然,不同时代具有不同的价值理想,并使改造自然界的实践活动呈现出不同的道德属性,但价值理想和追求对改造自然界具有引领作用。

---

① [匈] 卢卡奇.关于社会存在的本体论(下卷)[M].李秋零,等译.重庆:重庆出版社,1993:69.

三、当代可持续意识构建的内容

构建可持续意识的现代逻辑是在人与自然的相互交往中寻找人类发展的道德实践之路。"我们崇高的责任理念不再是专注于民族,而是专注于自然,结果便是环境保护成了大众首要考虑的对象。"[①]罗尔斯的《正义论》开启了可持续意识的现代性逻辑:"第一个原则:每个人对与所有人所拥有的最广泛平等的基本自由体系相容的类似自由体系都应有的一种平等的权利。第二个原则:社会和经济的不平等应这样安排,使它们(1)在与正义的储存原则一致的情况下,适合于最少受惠者的最大利益;并且(2)依系于在机会公平平等的条件下职务和地位向所有人开放。"[②]依照正义论的两条原则,要构建可持续意识的现代性逻辑,需要通过公民完整地领会可持续意识的内涵,并遵循主动性和规律性的原则。

(一)主动性和规律性的内在结合

人与自然界完成了本质的统一,人与自然界构成一个有机整体。

---

① [法]利波维茨基.责任的落寞:新民主时期的无痛伦理观[M].倪复生,方仁杰,译.北京:中国人民大学出版社,2007:241.
② [美]罗尔斯.正义论[M].何怀宏,何包刚,廖申白,译.北京:中国社会科学出版社,1988:302.

人类中心主义主张人是目的，以人为本体，自然界是依附性、从属性的，必然导致人来统治和支配自然界。自然中心主义认为自然是本体，人在自然界面前的行为受到自然界的支配，造成自然界凌驾于人之上。无论人在自然之上还是自然在人之上，都是人与自然的本真关系。如果我们承认这个世界是有机的整体，就应该按照人类生存和发展的角度再现人与自然的整体关系。我们必须放弃人类中心主义和自然中心主义的原子式的研究方法，用整体的视角看待人与自然的关系，首先要坚持人与自然的整体性，其次要在整体的视域下既发挥人的主体能动性，又尊重自然规律。

人与自然在本质上是统一的整体，这个整体视自然环境为一个独立的整体，人作为共同体中的一个普通成员，为实现生态共同体这一目标承担着不可推卸的道德责任。人寓于自然世界之中，自然世界寓于人之中，自然即人，人即自然。所得自然即人，是指自然界表现着人的本质，因而具有属人的意义。所谓人即自然，是指人蕴含着自然界的本质，人在改造自然界的实践活动中体悟着人与自然的内在同一性。因此，人与自然是有机的整体，没有自然就没有人，没有人也就没有自然。因而，可持续意识是为人的，又是为自然的，合乎规律性才能最大化地发挥主体能动性。要满足人的社会需要，人就必须能动地实践于自然界。正因为自然界不会自动地满足人类生存的需要，人才根据这些规律去能动地支配自己的行为以满足自身的需求。在可持续意识的影响，人在理性地能动于自然界时，也会理性地实现人类自己的发展。

（二）构建人与自然和谐正义的秩序

人与自然关系的和谐是指人与自然存在于一种有序的价值关系

结构中。当人与自然的价值能够按照内在的规则运行,并呈现出一定的秩序时,就是和谐的;反之,当人与自然不能按照自身固定的秩序运行,而显现为无序或矛盾时,就是不和谐的。人与自然的和谐一方面内在地分配着人与自然的价值地位,确认着人与自然各自的权利和义务;另一方面又内在地规定着人对待自然的道德态度和道德行为,使改造自然界的实践活动呈现出一定的伦理秩序。既是一种公平正义的伦理秩序;也可以是一种上尊下卑的伦理秩序。人与自然的和谐作为有序的价值关系结构,并不是客观的自然现象,而是人为的设计与安排,不同时代的人根据当时的价值观和认识水平,会确认不同性质和取向的人与自然的和谐关系,这就使人与自然的和谐关系本身变得扑朔迷离。可持续意识就是要实现人与自然的和谐秩序,其核心就是构建人与自然的平等地位。马克思用毕生精力在追求一个人与人平等的大同社会。如果说人与人之间的不平等是一种恶,那么人与自然之间的不平等也是一种恶,我们没有任何充足理由可以证明人与自然不平等的价值地位在道德上是正当的。

(三) 培育可持续意识的法治精神

在论及可持续意识与法治社会的关系时,实际上触及了自然、公民与国家的关系。人是自然环境的塑造者,而公民又是社会环境的创造物。在斯宾诺莎看来,"凡是根据政治权利享有国家的一切好处的人们均称为公民;凡是有服从国家各项规章和法律的义务的人们均称为国民"[①]。公民诞生于法治社会。法治的宪政创造了公民在法律意义上的可能。法律是可持续社会人与自然和谐相处的基础与保证,广

---

① [荷] 斯宾诺莎.政治论[M].冯炳坤,译.北京:商务印书馆,1999:24.

大公民必须遵守这些规则,而且人们要保证自然界成员的生命、利益与自由不受到非法侵犯。人尽其责,物归其位,必须有完整的可持续框架作为规范。希图可持续发展的人们,必须恪守制度,厉行法治。人人遵守法律,法律保护人人,进而保护自然界成员。宪法是国家的根本大法,宪政在法律体系中不可挑战,公民与自然、自然与社会、自然与国家的关系,均须按照宪法及法律的可持续原则加以处置。

可持续法治社会,依照法律来处理人与自然的关系,并以法律为本。在可持续法治社会下,自然拥有其存在的土壤以及与其身份相应的权利、义务。在此状态下,每个自然界成员享有的自然权利并没有消失,相反,它得到宪政法律更充分的保护。

可持续法治社会是一个环境和道德统一完整的共同体。可持续社会共同体保护自然界成员与公民的自由、财产和人身安全,创造一个有秩序的公共生态生活环境。国家是自由的人民与健全的自然有效结合的产物,是可持续共同体的一种形式,可持续法治精神是指公民承担其道德理性的意志力。人与自然道德联合的法治状态,以生态伦理为凭借,在达成可持续共同体的稳定与和谐之外,和人与自然的和谐及实践性交往有关。可持续意识的法治精神必须寻找到一种可持续生态规范的形式,既能够以道德的力量来保证人与自然的安全及其利益,又能够使其不丧失自由和平等。可持续的法治精神要求公民基于相互性的立场来遵守法律、体谅自然,以可持续交往的基本准则来维护社会秩序。这种精神能够使个人摆脱局部性,公民不再仅仅从个体私人性的立场出发,而是以可持续共同体的良知决断出发,达成可持续共识。

(四) 塑造可持续消费的文化氛围

克服消费主义文化理念,就要确立以持续、共生为基础与导向的文化意识。以更多、更好消费为目标的西方进步观在本质上是一种不可持续的消费主义。这种消费主义假定自然资源的无限性,却已经导致了太多的问题。当人们追求无休止的征服自然与消费时,必然导致人与自然、人与人、人与社会、人与自身合理关系的冲突甚至断裂。消费主义的最根本问题是物质主义,是意义的丧失、内部的空虚,人们不知道消费为了什么,或为了什么消费。人们的生存与发展离不开文化创新、文化变迁,但并不是所有的文化创新与变迁都有利于人的生存与发展。只有当这种变迁与创新有利于人与自然或不同文化主体的共存时,才是持续性的、有意义的。以人与自然的和谐、人与人的和谐、不同文化主体之间的平等为内容的文化创新是解决全球发展问题的重要内容。哈维兰指出:"如果人类学家要防止被推向荒谬的文化相对主义'什么都行'的立场,他们仍须避开根据种族中心主义的标准来判断其他文化习俗的陷阱。"[①]所以,他希望确立某种判断标准以克服这个问题。比如,他认同人类学家戈德施米特的观点,判断一种文化合理性的重要标准是特定文化怎么能满足由它指导的那些人的物质和心理需要,并提出一些具体的指标,如营养状态、人口结构、社会安全、资源环境等。可持续消费文化确立了一种系统性、过程性的问题解决理念。人们在发展问题上遇到的第一个问题是"非系统性"。虽然,人们认识到生态和环境具有系统性关联,但在实践应对策略上却往往采取专业化、孤立化的办法。人们往往会采取一些所谓的专业方法来应对发展问题,但主要的问题似乎是在解决现存问题的时候,文化会不可避免地产生出新的问题。第二个问题是人们对待发展问题时的"非过程性"。人们在认识社会发展的过程中,往往看不到环境与文化生态的关系。

---

① [美]哈维兰.文化人类学[M].瞿铁鹏,张钰,译.上海:上海社会科学院出版社,2006:56.

当代可持续意识构建研究

第六章
当代可持续意识构建路径

人类发展以文明为基础,自然的发展是在人类社会发展中塑造出的,现代性下社会引起文明与自然的对立,因而要重塑自然和文明的统一,顺应自然发展规律,实现社会可持续性。人拥有关爱自然的本能,就会在内心世界形成一种积极的行为意识,这种意识能够使个体在实践中关爱自然界中的生命。

一、全球视野下可持续意识构建对策

当代社会不可持续的问题主要表现为对自然价值的忽视,从而造成生态危机,可持续意识道德遭到破坏,从而引起人对自然缺少关爱;可持续信仰的缺失,从而引起人类对生存状态的困惑;人类的异化消费,从而导致对自然资源的掠夺等。面对以上问题,应从人类生存和发展的全球视野出发,研究可持续意识构建的对策,要重构自然与文明的和谐统一,建立符合自然发展的文明;确立理性价值评判,建立人对自然的关爱;重视可持续伦理意识,承担起对自然的责任等。

(一) 重构自然与文明的和谐统一

文化是人类社会进步的标志。人类与自然之间的关系在不同社会历史中是不同的。人类的发展并不完全处于文明进程之中,尤其是近代以来的历史和现实展现出人类在追求幸福时,对物质层面的文化创造是远离文明和进步的。尤其是西方传统哲学认为只有人是主体,其他生命与自然界是人的对象,因而只有人有价值,其他生命与自然界没有价值,所以人类对于自然的态度是掠夺式的开发利用。随着工业文明的到来、科学技术的发展,人类通过科学和技术看到了征服自然宇宙和生命世界的可能性。人们借助技术获得强大的征服自然的能力,这使得人们在看待人与自然的关系上更容易把人看成是世界的主宰,把自然看成是被认识的对象,这种主客二分的机械自然观的盛行,使得人与自然的朴素关系被日渐割裂,造成人与自然的对立。因而,实现人类可持续发展需要重构自然与文明的关系。

人类文明是在协调人与自然关系时形成的。要实现人与自然的和谐,未来的文明形态就要支撑人与自然的和谐与良性互动,人不仅仅利用自然环境获得生存和发展的条件,更要重视挖掘人自身的潜能。可持续意识的构建要以文明的深层次的现实性去关怀人类的生存方式,从而规范人类的行为和思想。人类不是自然意义上非理性的存在者,而是文明社会中的存在者。因此,在实践活动中需要构建可持续意识,这不仅是人的主观愿望,更是人文精神的基础。重构自然与文明的关系,就要顺应自然,要超越人类中心主义和生态中心主义对自然的错误理解,构建一种具有包容性的文化,这种文化应尊重自然、顺应自然规律,不损害大自然的完整性。人类的伦理文化不能忽视自然,而应对自然给予道德关注,这有利于重塑当代可持续道德意识和可持续意识信仰。这样,自然与文明处在完整的命运共同体中,人类的文化趋向文明,人对自然的认识更加深刻。

(二) 确立理性的价值评判标准

价值导向是对人的行为方式与理想生活的设定,为人类外在的行为提供内在的标准。当代社会的不可持续问题在于缺失理性的价值评判标准。尤其是缺乏对自然价值的肯定,有什么样的自然价值观念,就有什么样的自然价值导向。在当代社会,以物欲主义为中心的享乐主义难以形成对自然价值的正确认识,在商业化的世界中,自然被异化。在这样的社会中,在对人与自然的关系的认识上,人们通过实践以征服自然、获得物质利益作为人类的目标。权利意识和利益意识是人类主体的实践意识。正是这种意义赋予人类改造自然的勇气和信心,但也使人类对自然缺失理性的价值评判标准,从而忽视自然的价值,导致了人与自然的对立。当代人类面临生态失衡、环境污染等全球性问题,就是因为人们忽视自然的价值。

马克思认为社会是人同自然本质的统一,共产主义是自然主义和人道主义相统一的社会,真正扭转了人类赋予自然价值的工具意义。重建一种与自然世界和地球生命互存共生的整体发展观,必须终止以经济增长为核心的发展模式,确立一种理性的可持续生存发展的模式。我们应该改变个体的生存态度和认知方式,认识到自然是人类生存的基础,自然本身具有重要的价值。人类只是自然界的成员,不可能超越自然界从成为社会的主体。我们要抛弃人类征服自然的意识,需要确立理性价值评判标准,谋求人类与世界共生,与万物共生。人拥有关爱自然的本能,就会在内心世界形成一种积极的行为意识,这种意识能够使个体在实践中关爱自然界中的生命,努力使各种生命按照自身的发展特性成长,维护自然与人类之间的平衡关系,形成可持续的生活方式和行为习惯,并对损害自然的行为采取预防和治理措施,做到人与自然界协同进化。关爱自然界并不是控制自然界,而是按照自然的本性对待自然界。可持续意识的构建,需要建立人的道德自觉并形成理性的价值评判标准,抑制对自然的滥用。人类中心主义和生态中心主义之争主要在于对自然价值的态度上,构建可持续意识,要超越这两种主义,建立起人对自然的关爱,在改造自然界的时候将这种关爱给予自然界,承认自然界的价值不以人的意志为转移,也不依赖人的评价和偏好,因而它对于人类不只存在工具价值。

（三）重视可持续伦理意识

可持续伦理意识将爱的力量从人与人之间扩展到人对自然的关爱。弗洛姆在《爱的艺术》中认为爱是一种能力,是个人摆脱孤独感而达到与他人的融合。人从伊甸园里离开后,便失去了与自然和谐相处的氛围,走向与自然的对立矛盾中。重视可持续伦理意识,就是把人与自然的对立转换为爱的力量,这种爱是一种积极的力量。人可以完善自己的本性,依照弗洛姆的爱的理论,建立可持续伦理意识,可以消除人类与自然界的对立,将人从物质享乐中拯救出来,形成可持续的生活方式和消费行为。关爱自然是人类的一种信念,是对自然的无私奉献。因此,重视可持续伦理意识能够将人与自然结合在一起,形成命运共同体,使人认识到自己对自然应该承担道德责任。当人类重视自然的价值以后,就自觉主动把维护自然界的完整性、实现人与自然的和谐作为自己的责任和义务。

人类承担对自然的道德责任,就要了解自然界,认识自然界。现代人由于缺少对自然的可持续伦理意识,误认为自然是机械的存在物。但当人类站在爱的立场上去审视自然界时,就会尊重自然界,顺应自然规律,让自然按照本身的特性去生长,而不是为了追求利润对自然采取工具价值的态度。重视可持续伦理意识,不仅仅体现在爱的意识上,更重要的是在行动上主动维护人与自然的和谐统一,践行可持续生活方式和消费行为。建立人与自然之间的伦理意识,承担道德责任,就是与自然建立命运共同体,使人达成与世界真正的融合,把大自然的本性纳入人的本性之中,成为人的一部分,使人忠诚于自然界,对自然界负责。

（四）科技主体履行可持续行为规范

科学技术是一把双刃剑。科学技术在人类社会创造了无数让人震惊的奇迹。在马克思看来,科技具有重要的推动力。回顾历史我们发现,每一次科技革命都带来社会的巨大变革。比如,第一次科技革命使英、美、日、德、法等国家由农业国转变为以轻纺工业为优势的工业国。而第三次科技革命把人们带进了信息时代,特别是现代化的交通、通信等手段,使人们足不出户就可以了解到全球信息,让所有人生活在"地球村"。科技发展对社会的改变是有目共睹的,但人们同时也经历着科技对人的行为的奴役和操纵,也就是科技异化①。正如马克思所说:"在我们这个时代,每一种事物好像都包含有自己的反面。……技术的胜利,似乎是以道德的败坏为代价换来的。随着人类愈益控制自然,个人却似乎愈益成为别人的奴隶或自身的卑劣行为的奴隶。甚至科学的纯洁光辉也只是在愚昧无知的黑暗背景上闪耀。我们的一切发现和进步,似乎结果促使物质力量具有理智生命,而人的生命则化为愚钝的物质力量。现代工业、科学与现代贫困、颓废之间的这种对抗,我们时代的生产力与社会关系之间的这种对抗是显而易见的、不可避免的和毋庸争辩的事实。"②所以,在发展科技的时候要扬长避短,科技主体应履行可持续行为,在技术开发过程中要考虑其对自然的影响;还要考虑自然技术、社会技术和思维技术的综合应用以及其能否实现自然、社会与人的协调发展。尤其是在生产技术及产品开发中,既要考虑经济价值和社会价值,又要考虑长远意义;既要考虑人的物质生活需要,又要考虑对自然资源的有效利用和生产和消费中可能的对环境的破坏与污染等。因此,科技主体履行可持续行为十分必要。

---

① 科技异化的概念是对异化概念的延伸,国外学者对科技异化的研究比较多,研究的层次各不相同。马尔库塞、哈贝马斯等人认为科技是一种统治力量,而后变成意识形态,从而成为控制社会的新形式。海德格尔则认为在现代社会中,科技不再是单纯的工具,而是强求、限定人的不可抗拒的力量。
② 马克思恩格斯全集(第12卷)[M].北京:人民出版社,1962:4.

首先,科技发展要和社会发展的目标相一致。科学对文明的贡献就在于"如果科学广泛地用于对社会关系的研究就会产生明显的社会进步","人类幸福的目标与科学的目标被认为是一致的"①。所以,自然科学和社会科学要相互融合、渗透和协调发展。对于任何一项涉及自然与社会关系的科学研究,不仅要求包括自然科学和社会科学在内的各个科学的广泛合作,而且要求科学工作者树立一种整体的自然观,将自然、社会与人看成一个统一的整体,从整体的高度去看待和研究这个高度复杂的系统,以此来指导科技主体工作者的实践行为。

其次,人类社会可持续发展的重心是人与自然、人与人的关系,科学技术无论从知识体系还是工具体系来看,都是人与自然之间物质变换的一种方式,从本质上就是一种解放人类的物质与精神的实践,可以通过以下几种途径实现其转化:一是依靠科技主体维护自然生态的完整性。要减少工业生产垃圾和生活废物,同时利用科学技术改进生产工艺,革新生产工具,从而提高对工业废物的利用率,减轻对自然生态的压力。通过科技主体改变生产方式,推进清洁生产,使有毒污染物最小化。二是科技主体将科学技术转化为现实生产力,解决人与自然之间的矛盾,将可持续意识转为内在力量,因而科技主体履行可持续行为需要人文精神的支撑②。要引导科技主体遵循人与自然协调发展的价值原则,坚持"以人为本,以追求真善美等崇高的价值理想为核心,以人自身的全面发展为终极目的"③。

---

① [加]莱易斯.自然的控制[M].岳长龄,李建华,译.重庆:重庆出版社,1993:69.
② 李想.走向社会主义生态文明健康新时代:人与自然和谐共生[M].长春:吉林出版集团有限责任公司,2016.
③ 王建华.论科技行为的伦理约束[J].福建师范大学学报(哲学社会科学版),2003(2).

二、中国可持续意识的构建路径

中国作为一个发展中国家同样出现资源短缺、环境污染和生态破坏等不可持续问题。研究中国可持续意识的构建问题,具有重要的现实意义。可持续意识并不是与生俱来的价值观念,不仅需要人自身的觉醒,同时也需要外在制度的配合。

(一)中国可持续意识构建存在的问题

从目前我国环境保护的基本情况来看,除了一些地方和政府的可持续意识严重缺失以外,公众可持续意识的淡薄也是一种比较普遍的现象。从20世纪90年代开始,我国相关环保组织每年平均进行3.7次可持续意识调查,相关调查结果显示,尽管我国公民的环保意识已经有了很大的提高,但从总体上看,公民可持续意识的水平偏低,主要表现在以下几方面:一是高环保关注、低环保参与。从2015年的中国公众环保指数年度报告来看,环保问题从1995年到2015年连续排在居民关注的社会热点的前五位,这说明公众对环境问题具有较高的关注度。但是2015年的报告也显示,公众参与环保活动的次数较少,参与较多的公众仅占6.3%。同时四成的公众遇到具体的环保活动时,要视当时的情况再决定如何参与,主动参与意识不强,从众心理表现突出。研究人员认为公众参与环境监督的权利虽然在法律上得到了肯定,但在参与的具体条件、方式、程序上还缺少明确细致的法律规定,导致公众一旦遇到具体的环境问题,根本不知道应该通过何种方式参与,更不知道使用怎样的方式是最合理最合法的。因此为公众参与环保活动制定明晰的程序是当务之急[1]。二是公众在环保方面对政府依赖性过强,个人自主意识比较弱。2010年的中国公共环保指数显示,对于环保问题的责任归属,72.3%的公众认为应该由政府负责,但公众对目前我国的环保状况表示满意的比例不及四成(39.4%)。对此,仍有54.6%的公众对政府工作表示认可。公众表现出的这种矛盾认识正体现出中国公众的政府依赖习惯,而这也从侧面表明政府更需要提高环保执行水平,注重环保效率与效果[2]。三是环保意识与环保行动力的矛盾。2010年的资料显示,73.2%的公众在经济发展和环境保护中会优先选择环境保护,环保选择具有压倒性优势,另外认为我国环保已经迫在眉睫的公众比例将近九成(86.8%),但在具体环保事项上公众的环保意识表现不一,人们的高环保意识主要集中在家庭生活层面,如将生活垃圾分类、节约水电等分别有59.6%和53.7%,而在办公场所和社会参与层面,人们的环保意识相对较低。尤其是社会参与方面,公众的环保行动力明显弱化[3]。

(二) 制度伦理设计融入绿色理念

制度即正式的规则体系,是人们在一定历史条件下的社会活动中

---

[1] 中国环境文化促进会.中国公众环保民生指数2010年度报告概述[R].新浪网,2010-01-20.
[2] 2010中国公众环保指数发布 公众环保行为无突破[R].新浪网,2010-01-20.
[3] 2010中国公众环保指数发布 公众环保行为无突破[R].新浪网,2010-01-20.

结成的各种社会关系的抽象和体系化。按照罗尔斯的说法:"(制度)理解为一种公开的规范体系,这一体系确定职务和地位以及它们的权利、义务、权力、豁免,等等。"① 当前中国社会处于转型期,社会中出现的不可持续的问题,一方面是由于市场经济带来的道德权威被打破,人们的价值观念出现多样化,人的可持续价值意识的缺失导致道德虚无主义危机;另一方面也与政策制度的不完善不无关系。科学合理的制度可以规范人的行为,鼓励和引导人们自觉地"抑恶扬善"。反之,不合理的制度是人放纵行为的温床。所以,在社会中形成可持续意识需要良好的制度安排。

1. 制度伦理是绿色意识构建的保障

"制度伦理"并不是一个新概念,在 20 世纪就已经提出"制度作为一种规范行为乃至规范的体系,是人类社会实践活动的产物,伴随着社会制度的产生,就一定有制度伦理问题的存在。所以,不能说现代市场经济社会才有制度伦理,而只能说制度伦理在市场经济的现代社会更为突出和重要"②。当前中国社会处于大转型期,人们的道德意识逐渐被个人主义、享乐主义、拜金主义所瓦解,在这样的情况下社会中出现各种思潮,传统的伦理和道德形式对公民行为的指导力弱化,因而客观上要求建立一种与市场经济相适应的新的制度伦理形式,制度伦理应运而生。制度伦理与制度的区分在于制度伦理要求以伦理道德作为参照系,所以制度伦理是给予社会基本结构与基本制度中的伦理要求和实现伦理道德一系列制度化安排的辩证统一。制度伦理既有制度又包含道德性,指人们把一定社会伦理原则和道德要求提升、规定为制度。绿色意识的构建过程是在公民的思想意识中形成价值观念,又需要把这样的价值观念内化为公民行为的道德底线。因

---

① [美]罗尔斯.正义论[M].何怀宏,译.北京:中国社会科学出版社,1980:50.
② 倪愫襄.制度伦理思想的传统溯源[J].伦理学研究,2005(5).

此,制度伦理与绿色意识的道德要求具有一致性,同时又通过制度的外在强制性进一步强化道德的行为性。绿色意识的制度伦理核心要求人、社会与自然和谐发展,人们坚守的活动方式、生活方式和思想方式的行为要通过制度形式得以确立,并且将人们的经济行为、环境行为与环境代价联系起来,以达到调整人们环境行为的效果。所以,制度伦理的核心集中在伦理和道德两个层面,既有绿色意识本身内在所要求的伦理意识,又在制度的外在强制力下规范公民的行为。正如斯诺所说:"制度是社会游戏的规则,是人们创造的、用以限制人们相互交往行为的框架。"①

制度伦理在绿色意识的构建中能够重塑德性伦理,使人成为真正的道德主体,使外在的他律、强制、束缚逐渐转变为内在的自律、自觉。制度和伦理的辩证统一是制度伦理的标准,它们是一个有机整体,充分发挥制度和伦理的优点,充分考虑制度安排、制度设计如何体现其道德性、合理性和可操作性。制度的伦理目标是基本制度以及各种制度安排,通过对制度的强制性来制约不合理的制度,优化制度的选择和安排,为人的生存和发展提供良好的社会环境。因而,制度的伦理功能和作用从社会的公共政策、公共管理等宏观方面,使制度能够促进人与社会的和谐发展,保证整个社会沿着道德的、正义的方向发展。而伦理的制度则是伦理的制度化、法律化,使制度伦理能以制度的形式确立起一系列明确的规范,为公众自觉地履行道德提供有力的制度和法律保证,对违背伦理道德要求的个体作出惩罚,从而减少非道德的行为,提高个体的道德觉悟,强化个体的道德意识,帮助个体确立正确的价值观。所以,绿色意识的制度伦理是坚持人、社会与自然和谐发展的制度,能够改变个体的生活方式,塑造人格。当代希腊史研究

---

① 北京大学中国经济研究中心.经济学与中国改革[M].上海:上海人民出版社,1995:2.

专家汉森认为:"雅典民主不只是一部宪法,一套制度,更是一种生活方式……依照希腊的看法,这些都有依赖于政治制度的养成,城邦制度教育塑造着公民的生活,要想过最好的生活,就必须有最好的制度。"①制度伦理不仅在制度上作为一种外在规范,同时又能从内在方面改变个体的内在意识。麦金太尔提道:"我们永远是在某种有着它自己特点的机构制度的某个具体的共同范围内学会或没有学会践行德性。"②

2. 绿色理念的制度伦理设计

一是制度伦理要求环境制度的完善。需要从高层进行周密的制度设计,结合绿色意识存在的问题,拟订可持续意识培育大纲,明确各个方面的目标规划和总体要求。要结合我国传统文化和经济发展需要,论证可持续意识构建的重要性,阐明绿色的指导思想和方针原则,对绿色意识的观念、权利和义务、道德等方面提出纲要性要求,特别是对构建过程可能出现的问题提前作出谋划。单靠一般性的教育,效果往往不是很理想,要逐渐培养公民的绿色理念,这就需要国家严格的管理制度,按照国家有关法律制度及政策规定,从根本上改变人们破坏环境的行为。同时可建立生态环境信息及时通报制度,保证公民的知情权,使公民能够及时、有效、经常性地参与生态监督活动,使公民能够有针对性地参与到生态环境保护的政策制定中,促进生态环境政策制定及执行的公开化、民主化、科学化。还要激发公民参与环境保护的内在动力和热情,充分发挥公民在生态环境保护中的积极作用。

二是制度伦理以道德哲学为内容支撑。绿色理念属于人的意识观念,制度的形成涉及道德教育范畴。马克思在揭示人与自然的有机统一时认为,人与自然的关系不仅受到人与人关系的影响,还受到社会形态

---

① [美]埃尔金.新政宪论[M].周叶谦,译.北京:生活·读书·新知三联书店,1997:153.
② [美]麦金太尔.德性之后[M].龚群,译.北京:中国社会科学出版社,1995:156—147.

的制约,因而人与自然的关系就涉及社会制度问题。目前中国环境保护的不可持续性与生态环保机制不完善、环境监管法律制度不完善等密切相关。因此,政府要加强生态行政制度建设,建立科学的绿色意识考评制度,特别是逐步建立以绿色 GDP 为导向的领导干部考核制度。

(三) 引导媒体的可持续意识塑造

当今,传媒迅速发展并渗透到社会各个层面,无处不在,互联网、报纸、移动媒体交织在一起,起着其他渠道无法比拟的作用。正确利用传媒的引导功能,有助于公民树立可持续意识。政府要对媒体加大监督力度,检验媒体所倡导的价值理念是否正确,及时有效治理媒体宣传中的不合理行为。特别是控制奢侈品等在媒体上的宣传力度,规范媒体的宣传用语。

要运用传媒加强公民的可持续意识教育。公民的行为不可能都是理性的,大众传媒应该适当地加以引导、教育。大众媒体作为核心价值观的宣传者,应倡导可持续意识,发动社会公众营造良好的社会氛围,尤其要重视以电视和网络等媒介宣传可持续意识。近几年电视媒体在电视节目中融入了可持续思想,例如著名节目主持人柴静制作纪录片《穹顶之下》时,走访多个污染现场,寻找雾霾根源,这个关于雾霾的调查被认为是非机构、非记者所做的信源最权威、信息最立体、视野最开阔、手段最丰富、最有行动感的雾霾调查。全片深入浅出地向观众讲解了雾霾的危害、产生原因、治理困境以及治理经验等,在社会上引起很大的轰动,也引起更多的人关注当前的生存环境和未来发展。媒体宣传可持续意识具有重要意义。我们需要重视媒体的作用,既加强媒体与环保组织的合作,也可以开辟可持续意识专栏,在一定程度上引导舆论的走向,提升公民对人类生存和发展的责任感,激发其行动的热情。媒体可以拉近政府与公众的距离,降低政府与公众沟通的成本,有利于在公众可持续意识培育方面凝聚共识、分享资源、形成合力,从而提升可持续意识教育的效果。还要发展传媒的舆论监管作用。大众传媒要达到舆论监管效用最大化,就要反复核实信息,增加舆论监管的可信度。大众传媒对可持续意识的引导应避免主观行事。大众传媒要做到以理服人,充分体现舆论监管的规范性,必须坚持强烈的社会责任意识,坚持实事求是的原则。

(四) 拓宽公民可持续意识参与路径

在卢梭的理论中,"参与不仅仅是一套民主制度安排中的保护性附属物,它也对参与者产生一种心理效应,能够确保政治制度运行和在这种制度下互动的个人的心理品质与态度之间具有持续的关联性"①。在参与过程中,公民可以获得对自身角色的更多认知与体验,强化自身的主体意识。在形式多样化的参与实践中,非政府组织为人们所熟知。正如美国学者塞拉蒙所描述的:"一场有组织的志愿活动和创建各种私人的、非营利的及非政府的组织的运动,正在成为席卷全球的最引人注目的运动……民众正在创建各种团体、基金会和类似组织,去提供人道服务,促进基层社会经济发展,防止环境恶化,保障公民权利,以及成百上千先前无人关注的或国家承担的种种目标。"②在当代中国的现代化进程中,伴随着传统邻里关系、乡村关系、大家庭关系的衰落,各类非政府组织逐渐涌现。环保组织作为非营利性组织,独立于政府、市场和企业之外,它的非营利性、志愿公益性以

---

① [美] 佩特曼.参与和民主理论[M].陈尧,译.上海:上海人民出版社,2006:22.
② [美] 塞拉蒙.非营利领域及其存在的原因[C]//李亚平,于海.第三域的兴起.上海:复旦大学出版社,1998:33.

及致力于环境保护、普及生态文明知识等,具有防止市场和政府失灵的重要作用。环保组织的发展可以调动公民积极参与的主动性,在参与活动的过程中,让公民认识到保护环境、关爱自然和践行可持续行为的重要意义。如环保组织保护藏羚羊、滇金丝猴等典型案例,对于培育生态文明意识具有重要的启示。1995 年,环保民间组织"绿色江河"组织策划了"保护江河源、爱护大自然"活动;1996 年,"自然之友"为保护江源河和可可西里藏羚羊活动进行动员;1997 年,"青藏高原的红房子——索南达杰自然保护站"建成,成为反盗猎工作的基地;2004 年,经"绿色江河"和索南达杰自然保护站的争取,青藏线上设立红绿灯,为藏羚羊提供安全迁徙通道,成为中国首个为野生动物通行设置的红绿灯。民间环保组织通过开展系列活动,推动了可可西里以及整个长江源的保护进程,使可可西里藏羚羊和长江源的保护得到政府和社会公众的重视与认同。从这一案例中,许多公民受到触动,增强了对环境保护的忧患意识。由此看出,通过公益组织的引导,公民参与到实践中去不仅可以在观念层面上提高可持续意识,还会在实践行为上践行可持续意识。除了环保组织,还有其他一些相关非营利性组织也在激发公众的兴趣,培育其可持续意识。近年来,环保组织的实践活动也不断丰富,出现了"环境教育流动教学车""绿色青年课堂""环境文化节"等教育活动,获得了较好的社会效果。对这些环境教育活动政府要积极扶持和支持,鼓励环保组织继续发挥各自的优势,对不同层次的社会公众进行有针对性的环保教育,激发公众的环保意识,使其践行可持续意识。

(五)家庭、学校和社会教育的三位一体

可持续意识的培养是一个长期教育、终身教育的过程。树立可持

续意识的价值观,需要对公民进行系统、完善的教育。家庭、学校和社会是可持续教育的三个平台。德国的环境教育取得的成功是有目共睹的,它分为环保习惯养成教育和环境知识专业教育两个方面,家庭垃圾分类等从幼儿就开始教育,环境专业知识教育则贯穿德国整个学历教育体系。德国政府还建立了许多环境教育机构对公民进行专门培训,以便政府官员、企业技术人员、环保NGO成员以及普通市民及时了解并掌握各种环保技术和环保法规。因此,可持续意识的构建与教育密切相关,教育不仅是传统意义上的学校教育,还有家庭教育和社会教育。

  首先,高校要建立以可持续意识建设为依托的课堂模式。高校思想政治教育理论课不仅仅承担着政治教育、思想教育的艰巨使命和任务,更承担着培养大学生树立良好道德素质的重要任务。它的性质、地位和任务决定了它在生态道德教育中能够而且应该发挥其独特的作用。在当今环境污染带来新挑战的同时,高校德育自身发展领域发生了日新月异的变化,这在客观上就要求高校思想政治教育应该将可持续意识吸收进来,重视可持续意识的教育,这是高校思想政治教育的全新课题。因此,进行高校德育就必须充分利用思想政治教育理论课的主阵地优势,将可持续意识教育融入思想政治教育理论课教学中,构建高校可持续意识教育的课堂模式。在现有的思想政治教育理论课中,加大挖掘和丰富可持续意识的比重与力度。要从马克思哲学对人与自然关系的论述着手,从人与自然的辩证关系以及马克思主义价值学说中的生态资源价值、人的价值等几个方面进行可持续意识专题教育。要围绕科学发展观以及两型社会构建中的可持续发展意蕴等内容进行专题性探讨教育。要增加可持续意识教育,对生态环境保护基本法律知识进行重点讲解。大多数教师和学生都认为生态学是一门专业性极强的理科学科,很难对文科或工科学生作讲授,更难以将其作为一门公共课,因此,思想政治教育课程需要融入可持续意识的内容,培养学生的可持续意识。

高校思政课堂上要重视案例教学法。案例教学法是美国哈佛大学法学院院长克里斯托弗·哥伦姆布斯·朗道尔教授创立的。他在教育中运用案例教学法,对一些环境问题进行分析,提供分析用的素材和机会,在讲授环境案例时,培养学生的分析能力和批判精神,从而有利于可持续意识的养成。在案例的选取上,首先要保证案例的典型性和真实性。因为真实的案例有利于激发学生的创造力和主动性,使学生在学习过程中更容易接受。通过案例教学,"培养了学生信息收集和处理能力,训练了思维能力、研究探索能力,学会了沟通和合作,案例教学联系社会实际,能恰如其分地进行思想教育,特别是通过家乡环境的案例,更能激发学生热爱家乡、热爱祖国、建设家乡、建设祖国、保护环境的最热烈、最真挚的情感,增强了学生的责任心和使命感"[1]。

其次,家庭教育中家长的言传身教可使孩子养成可持续意识。"家庭环境的熏陶,不仅影响子女的个性发展,而且对子女的世界观、人生观、价值观的形成与确立,起着重要的作用,对人的一生健康成长都有影响。"[2]家庭是孩子的第一课堂,父母是孩子人生的第一位老师,父母的言行举止影响到子女的行为。家长在日常生活中要坚持环境保护、垃圾回收利用、节约资源和保护自然的行为,给子女树立榜样,这样可以潜移默化地影响子女的可持续意识。例如,在日常生活中,父母引导孩子节约用水,在垃圾分类上帮助孩子辨别可回收垃圾和不可回收垃圾;在户外活动中,引导孩子关爱野生动物。父母通过带着孩子一起参与环保活动、动物保护活动或资源节约活动等,都能

---

[1] 孙立元.大学生环境道德教育意识的培养[D].长春:东北师范大学,2006(5).
[2] 邱伟光,张耀灿.思想政治教育学原理[M].北京:高等教育出版社,1999:154.

培养孩子的可持续意识。家长还要引导和培养孩子的道德意识。尤其是孩子进入学习阶段后，对于中国传统文化中的"道生万物""天人合一""依正不二"等关于可持续意识的知识，家长要向孩子讲解，使子女对可持续思想有一种价值认同。

最后，社会要依靠社区进行可持续意识教育。现代社会，人们生活环境的组成以社区为核心，相对于政府行为，社区教育能降低社会成本，又能弥补政府失灵。社区可持续意识的教育是将可持续意识教育放在社区中，通过以小见大的映射作用，培养和增强社区居民对于人类生存和发展问题的重视程度。社区教育更容易塑造出关爱、节约、合作等美德，增强居民对于人类发展问题的社会责任感①。当前中国社区可持续意识教育还在起步阶段，主要以环境教育为主，在社会中开展环境保护活动对可持续意识教育具有促进作用。社区环境教育很有必要，但对于让居民关注人类发展和生存问题，还稍显不足，社会教育还需要在导向上有所改变，可以通过"每周一课"这样传统的课堂形式，把中国传统优秀文化中的可持续思想挖掘出来。社会教育不仅要依靠社区，更需要改变居民的教育观念，使其树立终身教育的理念。很多居民"把公民教育过程看作是学校的责任，这一过程很大程度上与共同体相分离，与个人终身作为公民的经验相隔绝，这完全是一种虚假的看法"②。对于可持续意识的培养，更需要终身教育来支撑，通过持续、连贯及整体、系统的培养渗透，辅之以学校、家庭和社会教育的形式，深化可持续意识的培养，这样的教育在资源上要充分利用机关、学校、企业、医院以及城市、农村等各种资源。这种教育不仅在于普及理论知识，更是一种实践探索过程，在实践中认识问题、培养

---

① [美]科恩.论民主[M].聂崇信，等译.北京：商务印书馆，1988：49.
② [英]希特.何谓公民身份[M].郭忠华，译.长春：吉林出版社集团责任公司，2007：171—172.

感情、参与行动,形成主体与客体、理论学习与实践探索的有机统一。

(六) 以生态立法培育可持续发展制度

可持续意识要社会普遍接受并执行需要一个相当长的过程,这个过程往往是通过社会外界和个人内心的某种强制力来完成的。法律的基本特征是其国家意志性、物质制约性、行为规范性。要充分发挥法律在可持续意识构建中的制约和引导作用从而保障可持续意识构建的效果。

首先,要明确可持续意识如何培育。要建立专门的管理和协调机构,并制定必要的政策和监督机制,预防和解决相关的问题。同时必须要有一定的评判标准,为可持续意识的培育建立制度基础,从而调动社会各方的可持续意识培育的积极性。可持续意识培育的成果直接决定着人们对生存和发展问题的认识水平,要确立客观、公正、科学的评估体系,并且使这种评估标准通过相关法规得以确立。这可以明确公民可持续行为的责任和义务,为可持续意识培育政策的制定和决策提供依据。

其次,要确立可持续意识培育的责任制度。法律责任可保证公民可持续意识培育的正常展开。应该明确和确立可持续意识培育的法律责任,对各种违反可持续意识培育的行为作出相应的惩罚,以法律的强制力来保证可持续意识培育的顺利进行,以此督促和保证可持续意识培育的高效、有序推进。

(七) 在日常生活中践行可持续意识

马克思说:"一切人类生存的第一个前提也就是历史的第一前提,

这个前提就是：人们为了能够'创造历史'，必须能够生活。但是为了生活，首先就需要衣、食、住以及其他东西。"[①]消费问题自人类产生就已经存在,人的消费特别是物质生活资料的消费是人的生存和发展的前提。当前,中国消费主义盛行,各种不合理、非科学的消费行为渗透在人们的日常行为中。可持续意识的构建需要公民在可持续消费文化中转变个体的消费行为,这不仅是一种理论,更是一种实践。这种实践行为需要在一定文化的引导下才能实现,因为人们的价值观念直接影响行为,尤其是消费社会中,文化成为地位的符号,成为失去了精神力量的肤浅流行,在这种流行下,人们不知不觉地沦为消费的奴隶。人类社会需要健康的消费文化,人们要自觉明辨理性消费。我们要弘扬中华民族优秀的消费文化,重新唤醒"节俭有度""崇俭抑奢"的传统美德,倡导适度节俭、重精神轻物质的消费文化。当公民摆脱物质生活的牵绊后,也就获得了精神上的富有。

首先,政府要加强监管,塑造可持续消费环境。消费与生产呈正相关性,才能保持社会经济持续健康的发展。人们的异化消费与政府的监管不力密切相关。政府需要不断完善相应的法律规范,明确消费者和生产者在可持续消费中的权利与义务,将法律规范渗透到消费过程的各个环节,对消费品从生产到消费进行严格的监控,坚决防止和杜绝浪费、异化消费现象的发生。要充分考虑对生态环境的保护,在全体民众中牢固树立可持续意识,将生态保护纳入企业的成本核算中,促使企业改变生产方式。

其次,传媒要加强理性消费教育。大众传媒为消费者普遍接受,媒体应引导人们树立可持续的消费观,同时主流媒体要加大投放以"绿色、环保、可持续"为主旨的公益广告,教育消费者进行可持续消

---

① 马克思恩格斯选集(第1卷)[M].北京：人民出版社,1995：78—79.

费,形成"奢侈浪费消费可耻、健康绿色持续消费为荣"的社会氛围。

最后,全社会要弘扬可持续消费文化。文化是人类文明传承的载体,是一代又一代人的智慧结晶,它孕育着人类的精神家园。然而在消费主义理念盛行的社会中,人们因这样肤浅的精神满足而迷失了自我。因而,我们要构建可持续消费文化,要弘扬中华民族优秀的消费文化,我国的民族文化深深地影响着居民的消费行为。人们的精神文化充沛时,就能摆脱物质的奴役,人就能够实现肉与灵的统一,回归精神家园的个人,会谋求整个人类的持续健康发展。

当代可持续意识构建研究

结　语

当代可持续意识构建以马克思主义为指导,从哲学、伦理学和思想政治教育理论等出发,对人类社会发展进行反思,以期达到人、社会与自然的和谐共生。我们要坚持可持续发展,推进美丽中国建设。

当今人类面临严重的环境问题,比如城市的雾霾犹如一层面纱笼罩在人类生活的上空,这层若隐若现的灰色面罩从浅层次来看,严重地困扰人们的身体健康,从深层次来看,阻碍了人类社会的持续发展。可持续意识是从全人类发展的角度关注人、社会与自然的关系,特别是现代性视阈下人类的价值观念和生活方式的改变引起的人类生存困境。面对这样的问题,传统的量化研究注重解决具体问题,但更需要从宏观的层面改变人们的价值观念,实现人、社会与自然的和谐共生。可持续意识的构建立足于马克思主义唯物主义立场,从哲学、伦理学和思想政治教育理论的角度对人类命运进行深切忧思,以期找到"一条新的发展道路,这条道路不是一条仅能在若干年内、若干地方支持人类进步的道路,而是一直到遥远的未来都能支持全球人类进步的道路"[①]。

当前可持续意识的构建既要根植于中国传统文化,又要借鉴西方的环境伦理和生态伦理的思想。虽然中西方可持续思想由于历史、文化、思想的发展不同,具有不同的内涵,但它们在人、社会与自然关系

---

① 世界环境与发展委员会.我们共同的未来[M].王之佳,柯金良,译.长春:吉林人民出版社,1997:5.

的认识上具有一定的共性。我国的可持续思想根植于儒道佛的文化中,西方的环境伦理和生态伦理也蕴含着丰富的人与自然和谐相处的思想。这些宝贵的文化和思想都是构建当代可持续意识的精神财富。因此,可持续意识的构建要坚持马克思的可持续理论、西方的环境伦理和思想政治教育理论,在内容上坚持主动性和规律性的内在结合,构建人与自然和谐的正义秩序,培育可持续意识的和谐精神,塑造可持续消费的文化氛围。

当代可持续意识主要基于两方面的考量,从人类生存和发展的视角来看,要重塑自然和文明的统一,顺应自然发展规律,实现社会的可持续性;要确立理性价值评判标准,谋求人类与世界共生,与万物共生,人类应对自然给予关爱;要消除人类与自然界的对立,将人从物质享乐中拯救出来,形成可持续的生活方式和消费行为;要将自然、社会与人看成一个统一的整体,从整体的高度去看待和研究这个高度复杂的系统,以此来指导科技工作者的实践行为。从中国的具体实际来看,可持续意识并不是与生俱来的价值观念,不仅需要人自身的觉醒,同时也需要外在制度的配合。因此,要借助家庭、学校、社会的教育,并让媒体宣传和环保活动参与进来,将可持续意识渗透在人的意识领域中;需要政府在法律和制度上给予强制性的规定;还要从观念到制度方面,使人明确其责任和义务。

因此,对于当前可持续意识的构建,我们有信心去完成。以习近平新时代生态哲学思想为指导,坚持可持续发展,推进美丽中国建设。这意味将可持续发展提高到关系国家发展的重要战略高度,为实现人们期待的"天蓝地绿水净"的新生活而努力!

参 考 文 献

一、中文著作

北京大学西语系资料组.从文艺复兴到十九世纪资产阶级文学家艺术家有关人道主义人性论言论选辑[M].北京：商务印书馆,1971.

[英] 丹皮尔.科学史及其与哲学与宗教的关系(下册)[M].北京：商务印书馆,1975.

张岱年.中国哲学大纲[M].北京：中国社会科学出版社,1982.

李德顺.价值论：一种主体性的研究[M].北京：中国人民大学出版社,1987.

成中英.论中西哲学精神[M].上海：东方出版中心,1991.

宋祖良.拯救地球和人类未来：海德格尔的后期思想[M].北京：中国社会科学出版社,1993.

刘宗超.生态文明观与中国可持续发展走向[M].北京：中国科学技术出版社,1997.

世界环境与发展委员会.我们共同的未来[M].王之佳,柯金良,译.长春：吉林人民出版社,1997.

郝永平,冯鹏志.地球告急：挑战人类面临的 25 种危机[M].北京：当代世界出版社,1998.

林娅.未来与选择[M].北京：中国环境科学出版社,1998.

余谋昌.生态伦理学：从理论走向实践[M].北京：首都师范大学出版社,1999.

赵理文.历史发展之谜与马克思主义的科学解答[M].南宁：广西人民出版社,1999.

刘湘榕.生态文明论[M].长沙：湖南教育出版社,1999.

冯鹏志.知识经济与社会创新[M].北京：党建读物出版社,2000.

周林东.奴隶与伙伴：环境新伦理[M].武汉：湖北教育出版社,2000.

刘宗超,等.生态文明观与全球资源共享[M].北京：经济科学出版社,2000.

解保军.马克思自然观的生态哲学意蕴[M].哈尔滨：黑龙江人民出版社,2002.

袁鼎生,黄秉生,黄理彪.生态审美学[M].北京：中国文史出版社,2002.

李明华,等.人在原野：当代生态文明观[M].南宁：广西人民出版社,2003.

余谋昌,王耀先.环境伦理学[M].北京：高等教育出版社,2004.

钱俊生,余谋昌.生态哲学[M].北京：中央党校出版社,2004.

高中华.环境问题抉择论：生态文明时代的理性思考[M].北京：社会科学文献出版社,2004.

陈墀成.全球生态环境问题的哲学反思[M].北京：中华书局,2005.

李君如.社会主义和谐社会论[M].北京：人民出版社,2005.

[美]福斯特.马克思的生态学：唯物主义与自然[M].刘仁胜,肖峰,译.北京：高等教育出版社,2006.

马世忠.循环经济指标体系与支撑体系研究[M].北京：中国经济出版社,2007.

二、中文译著

[日]森谷正规.日本的技术：以最少的耗费取得最好的成就[M].徐鸣,等译.上海：上海翻译出版公司,1985.

[美]贝尔.后工业社会的来临：对社会预测的一项探索[M].高铦,等译.北京：商务印书馆,1986.

[匈]卢卡奇.理性的毁灭[M].王玖兴,等译.济南：山东人民出版社,1988.

[匈]卢卡奇.历史和阶级意识：马克思主义辩证法研究[M].张西平,译.重庆：重庆出版社,1989.

[美]马尔库塞.现代文明与人的困境：马尔库塞文选[M].李小兵,等译.上海：上海三联书店,1989.

[德]霍克海默,阿多尔诺.启蒙辩证法[M].洪佩郁,蔺月峰,译.重庆：重庆出版社,1990.

[加]阿格尔.西方马克思主义概论[M].慎之,等译.北京：中国人民大学出版社,1991.

[英]佩珀.生态社会主义：从纵深生态学到社会主义[M].刘颖,译.北京：商务印书馆,1993.

[加]莱斯.自然的控制[M].岳长龄,李建华,译.重庆：重庆出版社,1993.

[德]哈贝马斯.交往与社会进化[M].张博树,译.重庆：重庆出版社,1993.

[德]绍伊博尔德.海德格尔分析新时代的技术[M].宋祖良,译.北京：中国社会科学出版社,1993.

[德]海德格尔.人,诗意地安居：海德格尔语要[M].郜元宝,译.上海：远东出版社,1995.

[日]尾关周二.共生的理想：现代交往与共生、共同的思想[M].卞崇道,等译.北京：中央编译出版社,1996.

[德]海德格尔.林中路[M].孙周兴,译.上海：上海译文出版社,1997.

[美]戈尔.濒临失衡的地球：生态与人类精神[M].陈嘉映,等译.北京：中央编译出版社,1997.

[日]岩佐茂.环境的思想：环境保护与马克思主义的结合处[M].韩立新,张桂权,刘荣华,译.北京：中央编译出版社.1997.

[美]德鲁克.后资本主义社会[M].张星岩,译.上海：上海译文出版社,1998.

[日]饭岛伸子.环境社会学[M].包智明,译.北京：社会科学文献出版社,1999.

[日]岸根卓郎.环境论：人类最终的选择[M].何鉴,译.南京：南京大学出版社,1999.

[美]罗尔斯顿.环境论理学[M].杨通进,译.北京：中国社会科学出版社,2000.

[美]罗尔斯顿.环境伦理学：大自然的价值以及人对大自然的义务[M].杨通迪,译.北京：中国社会科学出版社,2000.

[美]马斯洛.马斯洛人本哲学[M].李德荣,译.北京：九州出版社,2003.

[美]奥康纳.自然的理由：生态学马克思主义研究[M].唐正东,臧佩洪,译.南京：南京大学出版社,2003.

[德]贝克.风险社会[M].何博闻,译.南京：译林出版社,2004.

三、中文期刊及学术论文

高亮华.论海德格尔的技术哲学[J].自然辩证法通讯,1992(4).

[美]罗尔斯顿.尊重生命：禅宗能帮助我们建立一门环境伦理学吗?[J].初晓,译.哲学译丛,1994(5).

张文喜.对人的全面发展问题的思考[J].浙江社会科学,1996(2).

王国聘.生存智慧的新探索：现代环境伦理的理论与实践[J].南京社会科学,1997(4).

赵定涛,王士平.绿色技术与自然、社会的协调发展[J].安徽大学学报（哲学社会科学版）,1997(4).

肖玲.从人工自然观到生态自然观[J].南京社会科学,1997(12).

[美]默迪.一种现代的人类中心主义[J].章建刚,译.哲学译丛,1999(2).

肖中舟.关于工业技术文明批判的若干思考[J].深圳大学学报（人文社会科学版）,2000(3).

曾建平,杨方.人与自然的关系构成及道德意蕴[J].江西师范大学学报（哲学社会科学版）,2002(1).

郭湛,田建华.理解文化及其可持续发展[J].中国人民大学学报,2002(5).

俞吾金.如何理解马克思的实践概念：兼答杨学功先生[J].哲学研究,2002(11).

邹诗鹏.马克思实践哲学的生存论基础[J].学术月刊,2003(7).

牛文元.全面建设小康社会的科学发展观[J].中国科学院院刊,2004(3).

叶平.生态哲学的内政逻辑：自然（界）权利的本质[J].哲学研究,2006(1).

王南湜.论马克思主义哲学中的理想性与现实性的界分[J].中国社会科学,2007(5).

林学达.哲学视阈中的科学发展观研究[D].北京：中共中央党校,2007.

四、外文著作

Loren Eisley. *Darwin's Century* [M]. New York：Anchor Books, 1961.

Franz Brentano. *The Foundation and Construction of Ethics* [M]. Routledge & Kegan Paul Ltd, 1973.

Howard L. Parsons. *Marx and Engels on Ecology* [M]. London：Greenwood Press, 1977.

David Pepper. *The Roots of Modern Environmentalism* [M]. London：Croom Helm, 1984.

Hans Jonas. *The Imperative of Responsibility：In Search of an Ethics for the Technological Age* [M]. Chicago：The University of Chicago Press, 1984.

William Leiss. *The Limits to Satisfaction：An Essay on the Problem of Needs and Commodities* [M]. Kingston and Montreal：McGill-Queen's University Press, 1988.

Holmes Rolston. *Environmental Ethics：Duties to and Values in the Natural World* [M]. Philadelphia：Temple University Press, 1988.

Andre Gorz. *Critique of Economic Reason* [M]. London and New York：Verso, 1989.

William Leiss. *Under Technology's Thumb* [M]. Kingston and Montreal：McGill-Queen's University Press, 1990.

Reiner Grund Mann. *Marxism and Ecology* [M]. Oxford：Clarendon Press, 1991.

J. R. Desjardins. *Environmental Ethics：An Introduction to Environmental Philosophy* [M]. California：Wadsworth Publishing Company, 1992.

Peter Singer. "*All Animal Are Equal*", *Environmental Ethics: Reading in*

Theory and Application[M]. Jones and Bartlett Publisher, Inc. 1994.

Andre Gorz. *Capitalism, Socialism, Ecology*[M]. London and New York: Verso, 1994.

David Pepper. *Modern Environmentalism: An Introduction*[M]. London and New York: Routledge, 1996.

Ted Benton. *The Greening of Marxism*[M]. New York: The Guilford Press, 1996.

James O'connor. *Natural Causes*[M]. New York and London: The Guilford Press, 1998.

John Bellamy Foster. *Marx's Ecology*[M]. New York: Monthly Review Press, 2000.

John Bellamy Foster. *Ecology against Capitalism*[M]. New York: Monthly Review Press, 2002.

五、外文期刊

Sigurd F. Olson. Reflections from the North Country[J]. *Minnesota Vniver*, 1976.

A. Greif. Culture Beliefs and the Organization of Society: A History and Theoretical Reflection on Collectivist and Individualist Societies[J]. *Journal of Political Economy*, 1994(5).

Herbert Marcuse. Technology, War and Fascism[J]. *New Political Science*, 2000(9).

后　　记

　　本书是在博士论文的基础上修改完成的。光阴荏苒,时光如梭,转眼间我已毕业三年了。攻读博士学位这段时光,记录了我从青春岁月走向而立之年。这三年的时光是我最艰难也是难忘的岁月。在这艰苦的学术探索中,我不仅获得了学业上的成果,更拥有了很多的情谊:师门亲情、同窗友情、父母恩情、幸福爱情。

　　首先,感谢我的导师郭强教授。郭老师渊博的知识、严谨的态度、活跃的思维、创新的观点令我敬仰。从入学到毕业,郭老师一直待我犹如严父,论文从选题、构思、撰写到定稿,都是在郭老师的精心指导下完成的,其中倾注了郭老师大量的心血和汗水。尤其是他用"脱落"这个学术概念引领我进入学术研究领域,让我发现自己对哲学、伦理学感兴趣,坚定了我坚持走学术研究这条道路的决心和信心。在此谨向我的导师郭强老师致以崇高的敬意和衷心的感谢! 同时也要感谢在图书馆工作的师母丁晓琴老师,在她的帮助下我能够借阅更多的书籍,这是我博士论文写作的宝贵财富。师恩厚重,终生难忘,除了铭记于心和深深的感激之外,唯有继续努力来回报师恩!

　　感谢同济大学马克思主义学院各位老师! 在同济大学攻读博士学位期间,丁晓强教授、张劲教授、李占才教授、邵龙宝教授、王滨教授、李振教授、杨小勇教授、龚晓莺教授、薛念文教授等开设的课程,启发和训练了我的思维,提升和开拓了我的视野。同时,博士论文的写作也离不开老师们的指导,各位老师提出了许多宝贵的建议,给了正在摸索的我很大的启发。同时也要感谢我的同事刘文教授、王永章教授、郭根副教授对我的帮助,在此我要向他们表示深深的谢意!

  感谢我的爱人韩康博士对我的学业和工作的支持,他心胸宽广、踏实肯干、为人谦虚,是我学习的榜样和生活上的引路人,让我一直追随他的步伐前进!感谢我们夫妻双方的父母的养育之恩,他们是我们坚强的后盾,他们的鼓励和支持让我们没有忧虑而安心工作与生活!

  谨向所有给予我关爱和帮助的各位老师、朋友、家人致以衷心的谢意!带着你们对我的期望和关爱,我将一路奋进。我会谨记康德的话——有两样东西,人们越是经常持久地对之凝神思索,它们就越是使内心充满常新而日增的惊奇与敬畏:我头上的星空与我心中的道德律。我会在善待他人、善待自己与善待自然中自由飞翔。

相雅芳
2019 年 3 月